#초등수학심화서
#상위권이보는
#문제풀이동영상
#경시대회대비

# 최고수준 초등수학

Chunjae
Makes
Chunjae

▼

# 최고수준 초등수학

| | |
|---|---|
| **기획총괄** | 박금옥 |
| **편집개발** | 지유경, 정소현, 조선영, 최윤석, 김장미, 유혜지, 남솔, 정하영, 김혜진 |
| **디자인총괄** | 김희정 |
| **표지디자인** | 윤순미, 이주영 |
| **내지디자인** | 이은정, 서윤영 |
| **제작** | 황성진, 조규영 |

| | |
|---|---|
| **발행일** | 2024년 4월 15일 초판　2024년 4월 15일 1쇄 |
| **발행인** | (주)천재교육 |
| **주소** | 서울시 금천구 가산로9길 54 |
| **신고번호** | 제2001-000018호 |
| **고객센터** | 1577-0902 |

상 위 권 실 력 완 성

# 최고수준

초등
**2-2**

## 차례

# 이 책의 구성과 특징

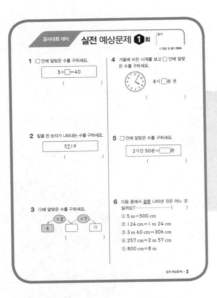

## 권말 부록

## 경시대회 대비 실전 예상문제

각종 경시대회에 출제되는 유형을 수록

## STEP 1 Start 실전 개념

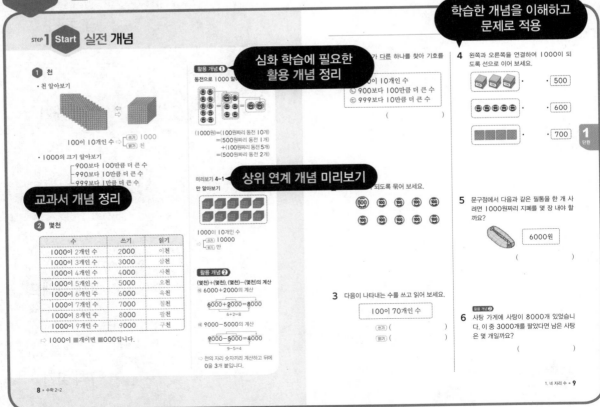

**학습한 개념을 이해하고 문제로 적용**

**심화 학습에 필요한 활용 개념 정리**

**상위 연계 개념 미리보기**

**교과서 개념 정리**

STEP **2** **Jump** 실전 유형

**유형 ❶** 1000을 만드는 문제 ◄ 시험에 자주 출제되는 문제 유형 제공

지호는 100원짜리 동전을 6개 가지고 있습니다. 짜리 동전이 몇 개 더 필요할까요?

**문제해결 Key**

1000은 100이 10개인 수입니다.

❶ 1000원은 100원짜리 동전 몇 개와 같은지 알아보기
❷ 더 필요한 100원짜리 동전의 수 구하기

문제해결 Key를 이용하여 문제 함께 풀어보기

| 풀이 |

❶ 1000은 100이 10개인 수이므로

1000원은 100원짜리 동전 ☐개와 같습니다.

❷ 지호는 100원짜리 동전을 6개 가지고 있으므로 1000원이 되려면 100원짜리 동전이 ☐개 필요합니다.

☐ _____

유사 문제로 실력 다지기

**1-1** 재이는 색종이를 100장씩 8묶음 가지고 있습니다. 모두 합쳐 1000장이 되려면 색종이는 100장씩 몇 묶음 더 필요할까요?

( )

**1-2** 은혁이는 젤리 1000개를 한 봉지에 10개씩 담으려고 합니다. 지금까지 45봉지 담았다면 앞으로 몇 봉지를 더 담아야 할까요?

( )

수학과 타 교과를 연결, 융합한 문제 해결 능력 기르기

---

○ 정답 및 풀이 2~3쪽

**유형 ❷** 뛰어 세는 규칙을 찾아 수를 구하는 문제

뛰어 세는 규칙을 찾아 ㉠에 알맞은 수를 구하세요.

3156 — ☐ — 3176 — 3186 — ☐ — ㉠

**문제해결 Key**

어느 자리의 수가 어떻게 변하는지 알아봅니다.

❶ 뛰어 세는 규칙 찾기
❷ ㉠에 알맞은 수 구하기

| 풀이 |

❶ 3176에서 3186으로 1번 뛰어 세어 십의 자리 수가

1 커졌으므로 ☐씩 뛰어 세는 규칙입니다.

❷ 3186에서 규칙에 따라 뛰어 세면

3186 — ☐ — ☐ — ㉠

⇨ ㉠=☐

☐ _____

**2-1** 뛰어 세는 규칙을 찾아 ㉠에 알맞은 수를 구하세요.

4493 — 4593 — ☐ — 4793 — ☐ — ☐ — ㉠

( )

**2-2** 뛰어 세는 규칙을 찾아 ㉠과 ㉡에 알맞은 수를 각각 구하세요.

㉠ — ☐ — 1789 — ☐ — 1787 — ㉡ — 1785

㉠ ( )
㉡ ( )

---

○ 정답 및 풀이 5쪽

**창의·융합** **유형 ❼** 모두 얼마인지 구하는 문제

우리가 사용하는 *아라비아 숫자가 인도에서 유럽으로 전해지기 전까지 유럽에서는 오랫동안 로마 숫자가 사용되었습니다. 지금은 아라비아 숫자에 비해 잘 쓰이지 않지만 로마 숫자는 시계의 문자판 등에 사용됩니다. 보기 를 보고 로마 숫자 MDCXI를 아라비아 숫자로 나타내면 얼마인지 구하세요.

보기

| 로마 숫자 | I | V | X | L | C | D | M |
|---|---|---|---|---|---|---|---|
| 아라비아 숫자 | 1 | 5 | 10 | 50 | 100 | 500 | 1000 |

로마 숫자는 높은 자리부터 왼쪽에 쓰고 아라비아 숫자로 나타낼 때 각 자리 숫자가 나타내는 수를 전부 합해서 나타내면 됩니다. 단 왼쪽에 더 작은 수가 있으면 그 수만큼 빼 줍니다.
㉎ CVI=C+V+I=100+5+1=106
CIV=C+V−I=100+5−1=104

**문제해결 Key**

로마 숫자가 나타내는 각 자리의 수를 알아봅니다.

❶ M, D, C, X, I는 각각 얼마를 나타내는지 알아보기
❷ MDCXI를 아라비아 숫자로 나타내기

| 풀이 |

❶ M=1000, D=☐, C=☐, X=☐,

I=☐ 을/를 나타냅니다.

❷ MDCXI

# STEP **3** Master 심화 유형

STEP **3** Master 심화 유형   틀린 문제는 ❶유형으로 돌아가서 다시 학습해 보세요.

○ 정답 및 풀이 16~17쪽

**1** 곱이 큰 것부터 차례대로 기호를 써 보세요.

> ㉠ 3×7    ㉡ 4×5
> ㉢ 9×2    ㉣ 6×7

(      )

오답 노트

**2** 민서가 미술 시간에 색종이 7장을 그림과 같이 접었다가 펼친 후 접힌 선을 따라 모두 잘랐습니다. 자른 색종이는 모두 몇 조각이 될까요?

창의·융합 수학＋통합 | 해법 경시 유형
**3** 도돌이표는 그 부분을 되풀이하여 한 번 더 연주하도록 하는 기호입니다. 다음 악보를 연주할 때 ♪(8분음표)는 모두 몇 번 연주할까요? (단, 도돌이표가 있으므로 ㉠ → ㉡ → ㉢으로 연주합니다.)

(      )

| 해법 경시 유형 |
**4** 유진이의 나이는 9살입니다. 어머니의 연세는 유진이 나이의 4배보다 3살 더 많습니다. 어머니의 연세는 몇 세일까요?

(      )

오답 노트

**5** 1부터 9까지의 수 중에서 □ 안에 들어갈 수 있는 수를 모두 구하세요.

> □×2<16−9

(      )

**6** 곱셈표의 일부입니다. ●와 ▲의 차를 구하세요.

| × | 3 | 4 | 5 | 6 | 7 |
|---|---|---|---|---|---|
| ● | | | 30 | | |
| 9 | | | | ▲ | |

# STEP **4** Top 최고 수준

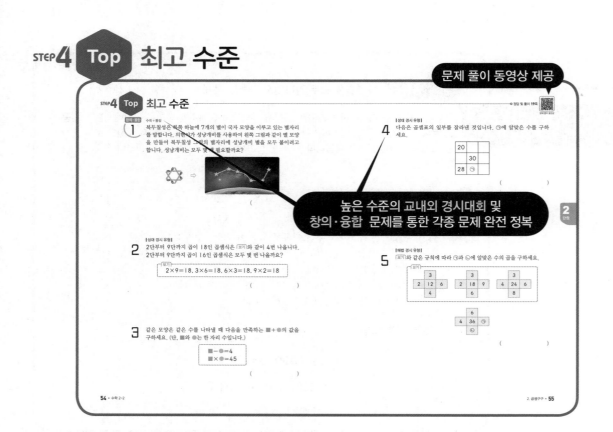

상위권 실력 완성을 위한 공부 비법!

# 무료 모바일 학습

● 표지에 있는 **큐알을 찍으면** 해당 학년 내용이 제공됩니다.

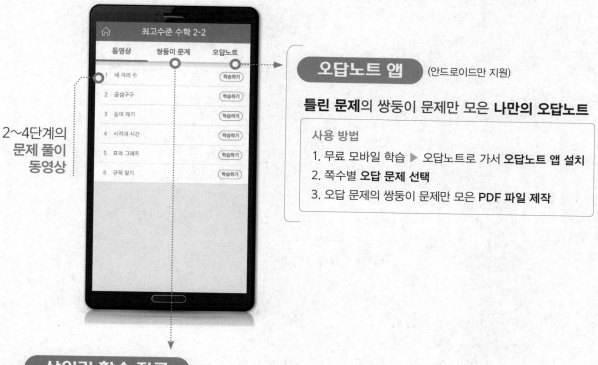

2~4단계의
문제 풀이
동영상

**오답노트 앱** (안드로이드만 지원)

**틀린 문제의 쌍둥이 문제만 모은 나만의 오답노트**

사용 방법
1. 무료 모바일 학습 ▶ 오답노트로 가서 **오답노트 앱 설치**
2. 쪽수별 **오답 문제 선택**
3. 오답 문제의 쌍둥이 문제만 모은 **PDF 파일 제작**

## 상위권 학습 자료

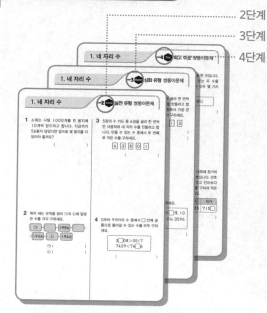

▲ 본책 2~4단계 쌍둥이 문제

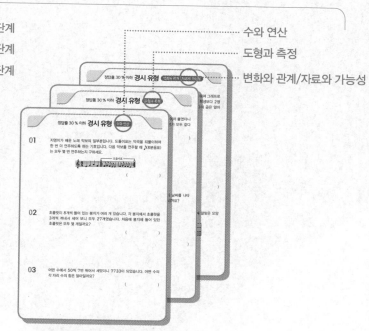

▲ 정답률 30% 이하 경시 유형 문제

# 1

## 네 자리 수

꼭 알아야 할 **대표 유형**

## 1 천

• 천 알아보기

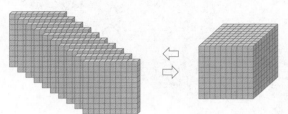

100이 10개인 수 ⇨ ┌ 쓰기 1000
　　　　　　　　　　　└ 읽기 천

• 1000의 크기 알아보기

┌ 900보다 100만큼 더 큰 수
├ 990보다 10만큼 더 큰 수
└ 999보다 1만큼 더 큰 수

## 2 몇천

| 수 | 쓰기 | 읽기 |
|---|---|---|
| 1000이 2개인 수 | 2000 | 이천 |
| 1000이 3개인 수 | 3000 | 삼천 |
| 1000이 4개인 수 | 4000 | 사천 |
| 1000이 5개인 수 | 5000 | 오천 |
| 1000이 6개인 수 | 6000 | 육천 |
| 1000이 7개인 수 | 7000 | 칠천 |
| 1000이 8개인 수 | 8000 | 팔천 |
| 1000이 9개인 수 | 9000 | 구천 |

⇨ 1000이 ■개이면 ■000입니다.

### 활용 개념 ❶

**동전으로 1000 알아보기**

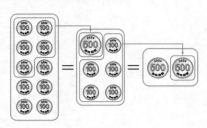

(1000원)=(100원짜리 동전 10개)
　　　　=(500원짜리 동전 1개)
　　　　　+(100원짜리 동전 5개)
　　　　=(500원짜리 동전 2개)

### 미리보기 4-1

**만 알아보기**

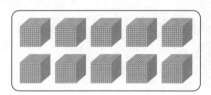

1000이 10개인 수
⇨ ┌ 쓰기 10000
　 └ 읽기 만

### 활용 개념 ❷

**(몇천)+(몇천), (몇천)−(몇천)의 계산**

예 6000+2000의 계산

6000+2000=8000
6+2=8

예 9000−5000의 계산

9000−5000=4000
9−5=4

⇨ 천의 자리 숫자끼리 계산하고 뒤에
0을 3개 붙입니다.

**1** 나타내는 수가 <u>다른</u> 하나를 찾아 기호를 써 보세요.

> ㉠ 100이 10개인 수
> ㉡ 900보다 100만큼 더 큰 수
> ㉢ 999보다 10만큼 더 큰 수

( )

활용 개념 ❶

**2** 1000원이 되도록 묶어 보세요.

**3** 다음이 나타내는 수를 쓰고 읽어 보세요.

> 100이 70개인 수

쓰기 ( )

읽기 ( )

**4** 왼쪽과 오른쪽을 연결하여 1000이 되도록 선으로 이어 보세요.

 • • 500

 • • 600

 • • 700

**5** 문구점에서 다음과 같은 필통을 한 개 사려면 1000원짜리 지폐를 몇 장 내야 할까요?

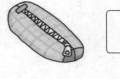 6000원

( )

활용 개념 ❷

**6** 사탕 가게에 사탕이 8000개 있었습니다. 이 중 3000개를 팔았다면 남은 사탕은 몇 개일까요?

( )

## 1 네 자리 수

- 2145 알아보기

| 천 모형 | 백 모형 | 십 모형 | 일 모형 |
|---|---|---|---|
| 1000이 2개 | 100이 1개 | 10이 4개 | 1이 5개 |

⇨ 쓰기 2145
   읽기 이천백사십오

## 2 각 자리의 숫자가 나타내는 수

- 7286에서 각 자리의 숫자가 나타내는 수

| 천의 자리 | 백의 자리 | 십의 자리 | 일의 자리 |
|---|---|---|---|
| 7 | 2 | 8 | 6 |

⇩

| | | | |
|---|---|---|---|
| 7 | 0 | 0 | 0 |
| | 2 | 0 | 0 |
| | | 8 | 0 |
| | | | 6 |

- 7은 천의 자리 숫자이고, 7000을 나타냅니다.
- 2는 백의 자리 숫자이고, 200을 나타냅니다.
- 8은 십의 자리 숫자이고, 80을 나타냅니다.
- 6은 일의 자리 숫자이고, 6을 나타냅니다.

$$7286 = 7000 + 200 + 80 + 6$$

**활용 개념**

**네 자리 수의 활용**

1000이 ■개, 100이 ▲●개인 수는 1000이 (■+▲)개, 100이 ●개인 수와 같습니다.

예 1000이 3개, 100이 16개인 수
   ⇨ 1000이 (3+1)개, 100이 6개인 수
   ⇨ 4600

**1** 천의 자리 숫자가 5인 수는 어느 것일까요? ······························ (     )

① 3517　　② 6052
③ 1945　　④ 5860
⑤ 2534

**4** 숫자 7이 나타내는 수가 가장 큰 수를 찾아 기호를 써 보세요.

| ㉠ 9157 | ㉡ 7441 |
| ㉢ 4078 | ㉣ 1784 |

(                    )

**2** 빈칸에 알맞은 수나 말을 써넣으세요.

| 수 | 읽기 |
|---|---|
| 4729 | |
| | 팔천삼백이십일 |
| 9016 | |

활용 개념

**5** 다음이 나타내는 수를 쓰고 읽어 보세요.

1000이 3개, 100이 26개,
1이 4개인 수

쓰기 (                    )
읽기 (                    )

**3** 보기와 같이 나타내 보세요.

보기
$3284 = 3000 + 200 + 80 + 4$

8166 _____

**6** 지원이는 문구점에서 학용품을 사고 1000원짜리 지폐 7장, 500원짜리 동전 1개, 100원짜리 동전 4개를 냈습니다. 지원이가 낸 돈은 모두 얼마일까요?

(                    )

## 1 뛰어 세기

- 1000씩 뛰어 세기 — 천의 자리 수가 1씩 커집니다.

  3186 — 4186 — 5186 — 6186 — 7186

- 100씩 뛰어 세기 — 백의 자리 수가 1씩 커집니다.

  9427 — 9527 — 9627 — 9727 — 9827

- 10씩 뛰어 세기 — 십의 자리 수가 1씩 커집니다.

  8324 — 8334 — 8344 — 8354 — 8364

- 1씩 뛰어 세기 — 일의 자리 수가 1씩 커집니다.

  5715 — 5716 — 5717 — 5718 — 5719

> 몇씩 뛰어 세는지 알려면 어느 자리의 수가
> 변하는지를 먼저 알아야 해요.

## 2 수의 크기 비교

① 천의 자리 수를 비교합니다.

$$1723 < 3524$$
$$1 < 3$$

② 천의 자리 수가 같으면 백의 자리 수를 비교합니다.

$$2953 > 2548$$
$$9 > 5$$

③ 천, 백의 자리 수가 같으면 십의 자리 수를 비교합니다.

$$6741 < 6780$$
$$4 < 8$$

④ 천, 백, 십의 자리 수가 같으면 일의 자리 수를 비교합니다.

$$8423 < 8427$$
$$3 < 7$$

---

**활용 개념 ❶**

### 뛰어 세는 규칙 찾기

1000 커집니다.

2500 — 3000 — 3500 — 4000

1000 커집니다.

⇨ 2번 뛰어 셀 때마다 1000씩 커지므로 500씩 뛰어 센 것입니다.

---

**활용 개념 ❷**

### 세 수의 크기 비교

예 6874, 6951, 6829 중 가장 큰 수 구하기

① 높은 자리부터 비교합니다.

$$6951 > 6874 > 6829$$
$$9 > 8 \quad 7 > 2$$

② 가장 큰 수: 6951

**1** 수 배열표를 보고 ↓ 방향과 ➡ 방향으로 각각 얼마씩 뛰어 센 것인지 구하세요.

| 4660 | 4670 | 4680 | 4690 | 4700 |
|---|---|---|---|---|
| 5660 | 5670 | 5680 | 5690 | 5700 |
| 6660 | 6670 | 6680 | 6690 | 6700 |
| 7660 | 7670 | 7680 | 7690 | 7700 |
| 8660 | 8670 | 8680 | 8690 | 8700 |

↓ (                    )

➡ (                    )

**2** 뛰어 세는 규칙을 찾아 빈칸에 알맞은 수를 써넣으세요.

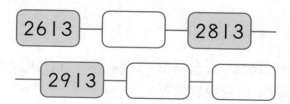

**3** 두 수의 크기 비교를 잘못한 것을 찾아 기호를 써 보세요.

> ㉠ 1432 > 1342
> ㉡ 4658 < 4639
> ㉢ 3824 < 3825

(                    )

**4** 빈칸에 알맞은 수를 써넣고, 몇씩 뛰어 센 것인지 구하세요.

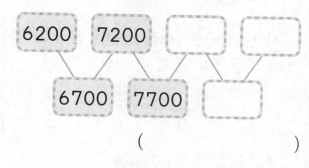

(                    )

**5** 준혁이가 타야 하는 버스의 번호를 찾아 써 보세요.

(                    )

**6** 더 큰 수를 말한 사람의 이름을 써 보세요.

(                    )

**1** 단원

# STEP 2 Jump 실전 유형

## 유형 1  1000을 만드는 문제

지호는 100원짜리 동전을 6개 가지고 있습니다. 1000원짜리 지폐로 바꾸려면 100원짜리 동전이 몇 개 더 필요할까요?

| 문제해결 Key | 풀이 |
|---|---|
| 1000은 100이 10개인 수입니다. <br> ❶ 1000원은 100원짜리 동전 몇 개와 같은지 알아보기 <br> ❷ 더 필요한 100원짜리 동전의 수 구하기 | ❶ 1000은 100이 10개인 수이므로 <br> 1000원은 100원짜리 동전 ☐ 개와 같습니다. <br><br> ❷ 지호는 100원짜리 동전을 6개 가지고 있으므로 <br> 1000원이 되려면 100원짜리 동전이 <br> ☐ −6= ☐ (개) 더 필요합니다. |

답 _____

**1 – 1** 재이는 색종이를 100장씩 8묶음 가지고 있습니다. 모두 합쳐 1000장이 되려면 색종이는 100장씩 몇 묶음 더 필요할까요?

(           )

**1 – 2** 은혁이는 젤리 1000개를 한 봉지에 10개씩 담으려고 합니다. 지금까지 45봉지 담았다면 앞으로 몇 봉지를 더 담아야 할까요?

(           )

## 유형 ❷ 뛰어 세는 규칙을 찾아 수를 구하는 문제

뛰어 세는 규칙을 찾아 ㉠에 알맞은 수를 구하세요.

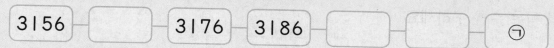

3156 ─ □ ─ □ ─ 3176 ─ 3186 ─ □ ─ □ ─ ㉠

**문제해결 Key**

어느 자리의 수가 어떻게 변하는지 알아봅니다.

❶ 뛰어 세는 규칙 찾기
❷ ㉠에 알맞은 수 구하기

| 풀이 |

❶ 3176에서 3186으로 1번 뛰어 세어 십의 자리 수가
1 커졌으므로 □ 씩 뛰어 세는 규칙입니다.

❷ 3186에서 규칙에 따라 뛰어 세면

3186 ─ □ ─ □ ─ □
$\qquad$ ㉠

⇨ ㉠ = □

답 _____

**2-1**  뛰어 세는 규칙을 찾아 ㉠에 알맞은 수를 구하세요.

4493 ─ 4593 ─ □ ─ 4793 ─ □ ─ □ ─ ㉠

(                              )

**2-2**  뛰어 세는 규칙을 찾아 ㉠과 ㉡에 알맞은 수를 각각 구하세요.

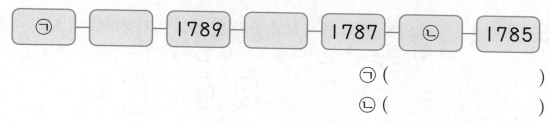

㉠ ─ □ ─ 1789 ─ □ ─ 1787 ─ ㉡ ─ 1785

㉠ (                    )

㉡ (                    )

4장의 수 카드를 한 번씩만 사용하여 네 자리 수를 만들려고 합니다. 만들 수 있는 수 중에서 가장 작은 수를 구하세요.

5  2  9  0

| 문제해결 Key | 풀이 |

0은 천의 자리에 올 수 없습니다.

❶ 수 카드의 수의 크기 비교하기
❷ 가장 작은 네 자리 수 만들기

❶ 수 카드의 수의 크기 비교: $0 < \Box < \Box < \Box$

❷ 가장 작은 네 자리 수는 높은 자리에 작은 수부터 차례대로 놓아 만듭니다. 0은 천의 자리에 올 수 없으므로 두 번째로 작은 수인 $\Box$ 을/를 놓은 다음 작은 수부터 차례대로 놓습니다.

⇨ 가장 작은 네 자리 수: $\boxed{\phantom{XXXX}}$

답 _____

**3-1** 5장의 수 카드 중 4장을 골라 한 번씩만 사용하여 네 자리 수를 만들려고 합니다. 만들 수 있는 수 중에서 가장 큰 수를 구하세요.

3  8  0  6  4

(                    )

**3-2** 5장의 수 카드 중 4장을 골라 한 번씩만 사용하여 네 자리 수를 만들려고 합니다. 만들 수 있는 수 중에서 두 번째로 작은 수를 구하세요.

7  0  6  1  5

(                    )

## 유형 ④ □가 있는 수의 크기 비교를 하는 문제

0부터 9까지의 수 중에서 ■에 들어갈 수 있는 수는 모두 몇 개일까요?

$$4375 > 4■63$$

**문제해결 Key**

천의 자리부터 순서대로 크기를 비교합니다.

❶ 천, 백의 자리 수를 비교하여 ■에 들어갈 수 있는 수 알아보기

❷ 백의 자리 수가 같은 경우 알아보기

❸ ■에 들어갈 수 있는 수는 모두 몇 개인지 구하기

| 풀이 |

❶ 천의 자리 수가 같으므로 백의 자리 수를 비교하면

3 > ■이므로 ■에 들어갈 수 있는 수는 0, ☐ , ☐ 입니다.

❷ ■＝3일 때 4375 > 4363이므로

■에는 ☐ 도 들어갈 수 있습니다.

❸ ■에 들어갈 수 있는 수: 0, ☐ , ☐ , ☐

 ☐ 개

답 _____

**4-1** 0부터 9까지의 수 중에서 □ 안에 들어갈 수 있는 수는 모두 몇 개일까요?

$$5947 < 59☐7$$

( )

**4-2** 0부터 9까지의 수 중에서 □ 안에 공통으로 들어갈 수 있는 수를 모두 구하세요.

$$2781 > 27☐6$$
$$6☐25 > 6509$$

( )

성재의 통장에는 7월에 4650원이 있습니다. 성재가 8월부터 한 달에 1000원씩 계속 저금한다면 12월에는 모두 얼마가 될까요?

| 문제해결 Key |
| --- |

한 달에 1000원씩 저금하므로 1000씩 뛰어 세어 봅니다.
❶ 8월부터 12월까지 저금하는 횟수 알아보기
❷ 12월에는 모두 얼마가 되는지 구하기

| 풀이 |

❶ 8월부터 12월까지 1000원씩 저금하는 횟수는

8월, 9월, 10월, 11월, 12월로 모두 ☐번입니다.

❷ 4650에서 1000씩 ☐번 뛰어 세면

4650 — 5650 — 6650 — 7650 — ☐ — ☐
(8월)　(9월)　(10월)　(11월)　(12월)

⇨ 12월에는 모두 ☐ 원이 됩니다.

답 _____

**5-1** 민혁이의 저금통에는 오늘까지 2400원이 들어 있습니다. 민혁이가 내일부터 500원씩 10일 동안 매일 저금한다면 저금통에 들어 있는 돈은 모두 얼마가 될까요?

( 　　　　　　　 )

**5-2** 유찬이의 통장에는 5월에 3900원이 있습니다. 유찬이가 6월부터 한 달에 1000원씩 계속 저금한다면 저금한 돈이 8900원이 되는 달은 몇 월일까요?

( 　　　　　　　 )

## 유형 6 조건을 만족하는 네 자리 수를 구하는 문제

다음 조건을 모두 만족하는 네 자리 수를 구하세요.

조건
- 3000보다 크고 4000보다 작습니다.
- 천의 자리 숫자는 백의 자리 숫자보다 큽니다.
- 백의 자리 숫자는 십의 자리 숫자보다 큽니다.
- 십의 자리 숫자는 일의 자리 숫자보다 큽니다.

**문제해결 Key**

네 자리 수 ■●▲★에서
■>●>▲>★인 경우를
찾아봅니다.

❶ 천의 자리 숫자 알아보기
❷ 백의 자리 숫자, 십의 자리 숫자, 일의 자리 숫자 각각 알아보기
❸ 조건을 모두 만족하는 네 자리 수 구하기

**| 풀이 |**

❶ 첫 번째 조건에서

3000보다 크고 4000보다 작으므로 천의 자리 숫자는

[    ]입니다.

❷ 두 번째, 세 번째, 네 번째 조건에서

천의 자리 숫자부터 일의 자리 숫자까지 계속 작아져야

하므로 백의 자리 숫자는 [    ], 십의 자리 숫자는 [    ],

일의 자리 숫자는 [    ]입니다.

❸ 조건을 모두 만족하는 네 자리 수: [          ]

답 _____

**6-1** 다음 세 조건을 만족하는 네 자리 수는 모두 몇 개일까요?

조건
- 4000보다 크고 5000보다 작습니다.
- 백의 자리 숫자와 일의 자리 숫자가 같습니다.
- 십의 자리 숫자는 백의 자리 숫자와 일의 자리 숫자의 합과 같습니다.

(                    )

**창의·융합** **유형 ⑦ 모두 얼마인지 구하는 문제**

우리가 사용하는 *아라비아 숫자가 인도에서 유럽으로 전해지기 전까지 유럽에서는 오랫동안 로마 숫자가 사용되었습니다. 지금은 아라비아 숫자에 비해 잘 쓰이지 않지만 로마 숫자는 시계의 문자판 등에 사용됩니다. 보기를 보고 로마 숫자 MDCXI를 아라비아 숫자로 나타내면 얼마인지 구하세요.

보기

| 로마 숫자 | I | V | X | L | C | D | M |
|---|---|---|---|---|---|---|---|
| 아라비아 숫자 | 1 | 5 | 10 | 50 | 100 | 500 | 1000 |

로마 숫자는 높은 자리부터 왼쪽에 쓰고 아라비아 숫자로 나타낼 때 각 자리 숫자가 나타내는 수를 전부 합해서 나타내면 됩니다. 단 왼쪽에 더 작은 수가 있으면 그 수만큼 빼 줍니다.

예 CVI=C+V+I=100+5+1=106
　 CIV=C+V−I=100+5−1=104

**문제해결 Key**

로마 숫자가 나타내는 각 자리의 수를 알아봅니다.

❶ M, D, C, X, I는 각각 얼마를 나타내는지 알아보기
❷ MDCXI를 아라비아 숫자로 나타내기

*아라비아 숫자:
0부터 9까지의 10개의 숫자

| 풀이 |

❶ M=1000, D=☐, C=☐, X=☐, I=☐ 을/를 나타냅니다.

❷ MDCXI
= 1000 + ☐ + ☐ + ☐ + ☐
= ☐

답 _____

**7-1** 위 보기를 보고 로마 숫자 MCLXV를 아라비아 숫자로 나타내면 얼마인지 구하세요.

( 　　　　　　 )

**7-2** 1000원짜리 지폐가 2장, 500원짜리 동전이 3개, 100원짜리 동전이 12개, 50원짜리 동전이 4개 있습니다. 모두 얼마일까요?

( 　　　　　　 )

**1** 준혁이와 혜지는 심부름을 하고 받은 용돈을 모았습니다.
준혁이는 혜지보다 얼마 더 많이 모았을까요?

난 100원짜리 동전을 10개 모았어.

난 100원짜리 동전을 7개 모았어.

준혁        혜지

(            )

♫유형❶

**1**
단원

**2** ㉠이 나타내는 수와 ㉡이 나타내는 수의 차를 구하세요.

$$9\ 2\ 5\ 5$$
$$\underset{㉠}{\ \ \ \ \ }\underset{㉡}{\ \ \ }$$

(            )

**3** 6장의 수 카드 중 4장을 골라 한 번씩만 사용하여 네 자리 수
를 만들려고 합니다. 만들 수 있는 수 중에서 가장 큰 수와
가장 작은 수를 각각 구하세요.

| 0 | 4 | 8 | 0 | 1 | 4 |

가장 큰 수 (        )

가장 작은 수 (        )

♫유형❸

**4** □ 안에 알맞은 수를 구하세요.

> 1000이 4개, 100이 □개, 10이 27개, 1이 2개인
> 수는 4872입니다.

(           )

**5** 천의 자리 숫자가 5이고, 일의 자리 숫자가 7인 네 자리 수 중에서 세 번째로 큰 수를 구하세요.

(           )

창의·융합 수학+통합

**6** *독도의 날인 10월 25일은 1900년에 독도가 울릉도의 부속 섬으로 정해진 것을 기념하여 생긴 날입니다. 독도의 날을 기념하기 위해 독도 안내 지도를 만들어 1000장씩 4상자, 100장씩 50상자에 담아 나누어 주려고 합니다. 만든 독도 안내 지도는 모두 몇 장일까요?

(           )

▲ 독도

*독도의 날: 일본으로부터 지키고 독도가 대한민국 영토임을 알리기 위해 고종황제가 1900년 10월 25일 대한제국칙령 제41호에 울릉도의 부속 섬으로 기록한 것을 기념한 날.

∩유형 **7**

**7** 큰 수부터 차례대로 기호를 써 보세요.

> ㉠ 1000이 5개, 100이 11개, 1이 15개인 수
> ㉡ 5800보다 100만큼 더 큰 수
> ㉢ 육천백오

(           )

**|해법 경시 유형|**

**8** 어떤 수에서 50씩 6번 뛰어 세었더니 8197이 되었습니다. 어떤 수는 얼마일까요?

(           )

Ω유형❷

**9** 7268과 7315 사이에 있는 네 자리 수 중에서 일의 자리 숫자가 9인 수는 모두 몇 개일까요?

(           )

오답 노트

1 단원

**10** 네 자리 수 ★753과 7★58에서 ★은 서로 같은 수입니다. ★이 될 수 있는 수를 모두 구하세요.

$$★753 > 7★58$$

(                    )

∩ 유형 ❹

**11** 서율이는 5000원을 모두 사용하여 머리핀을 사려고 합니다. 가격이 다음과 같은 머리핀 중에서 2개를 사는 방법은 모두 몇 가지일까요?

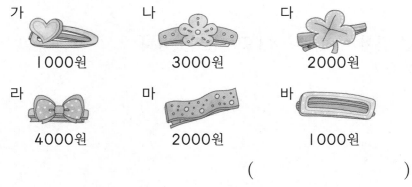

가　1000원　　나　3000원　　다　2000원

라　4000원　　마　2000원　　바　1000원

(                    )

**12** 다음 조건 을 모두 만족하는 네 자리 수를 구하세요.

조건
- 3000보다 크고 4000보다 작습니다.
- 앞의 숫자부터 읽거나 뒤의 숫자부터 읽어도 같은 수입니다.
- 각 자리 숫자를 모두 더하면 20입니다.

(                    )

∩ 유형 ❻

**| 성대 경시 유형 |**

**13** 0000부터 6666까지 쓰인 자동차 번호판들이 있습니다. 이 번호판의 수 중에서 0080과 같이 숫자 0이 3개인 번호판은 모두 몇 개일까요?

(             )

**오답 노트**

**14** 창고에 물이 가득 들어 있는 물통 2100개가 있었습니다. 이 물통을 매일 500개씩 사용하고 다시 300개씩 새로 갖다 놓았습니다. 물통을 사용한 지 며칠째 되는 날에 처음으로 창고에 있는 물통을 모두 사용할까요?

(             )

🎧유형**⑤**

**| 성대 경시 유형 |**

**15** 다음은 7, 9만으로 만든 수를 작은 수부터 차례대로 늘어놓은 것입니다. 이때 네 자리 수는 모두 몇 개일까요?

> 7, 9, 77, 79, 97, 99, 777, 779, ...

(             )

**1** 4장의 수 카드를 한 번씩만 사용하여 네 자리 수를 만들려고 합니다. 십의 자리 숫자가 0인 수 중 6000보다 큰 수를 모두 구하세요.

| 5 | 9 | 7 | 0 |

(                    )

**2** 서준이는 1000원짜리 지폐 2장, 500원짜리 동전 1개, 10원짜리 동전 40개를 가지고 있습니다. 이 돈을 100원짜리 동전으로 모두 바꾸면 몇 개가 될까요?

(                    )

|성대 경시 유형|
**3** 네 자리 수의 크기 비교를 한 것입니다. ㉠과 ㉡에 들어갈 수 있는 두 수를 (㉠, ㉡)으로 나타낸다면 모두 몇 가지일까요?

72㉠6 > 728㉡

(                    )

**창의·융합** 수학+통합

**4** 마라톤은 정해진 긴 거리를 달리는 경기로 올림픽뿐만 아니라 여러 종류의 대회가 열리고 있습니다. 성재네 가족도 건강을 위해 마라톤에 참가하였습니다. 다음은 성재네 가족이 건강 마라톤 대회에 참가하여 받은 네 자리 수의 번호입니다. 성재의 번호가 엄마보다 크고 아빠보다 작을 때 세 사람의 번호를 구하여 큰 수부터 차례대로 써 보세요.

| 이름 | 성재 | 엄마 | 아빠 |
|---|---|---|---|
| 번호 | ☐168 | 8☐76 | 816☐ |

( )

**5** 승민이는 7000원을 가지고 있습니다. 돈을 남기지 않고 한 종류만 사려고 할 때 적어도 얼마의 돈이 더 필요한지 알아보려고 합니다. 공책과 수첩 한 권의 금액이 다음과 같다면 공책과 수첩 중 필요한 돈이 더 많은 것은 어느 것일까요?

공책: 1200원  수첩: 1600원

( )

**6** 어떤 수에서 10씩 4번 뛰어 세어야 하는데 잘못하여 100씩 4번 뛰어 세었더니 3567이 되었습니다. 바르게 뛰어 센 수를 구하세요.

(             )

|성대 경시 유형|

**7** 다음 세 [조건]을 만족하는 네 자리 수 ㉠㉡㉢㉣은 모두 몇 개일까요?

> ┌ 조건 ┐
> - ㉠, ㉡, ㉢, ㉣은 서로 다른 숫자입니다.
> - ㉢은 ㉠+7과 같습니다.
> - ㉠+㉡+㉢+㉣=14

(             )

**8** 빵 한 개의 가격은 3000원입니다. 연우가 가지고 있는 돈이 다음과 같을 때 빵 한 개를 사고 가격에 맞게 돈을 낼 수 있는 방법은 모두 몇 가지일까요?

| 1000원짜리 지폐 | 500원짜리 동전 | 100원짜리 동전 |
|:---:|:---:|:---:|
| 3장 | 4개 | 15개 |

(             )

**|성대 경시 유형|**

**9** 보기 에서 수 모형 4개는 2101을 나타냅니다. 천 모형, 백 모형, 십 모형, 일 모형 중 수 모형 4개로 나타낼 수 있는 네 자리 수는 모두 몇 개일까요?

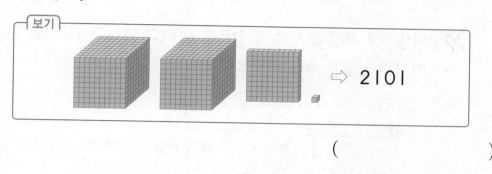

보기

⇨ 2101

( )

**1** 단원

**10** 2000부터 3000까지 네 자리 수를 차례대로 모두 쓰려고 합니다. 이때 숫자 0은 모두 몇 번 써야 할까요?

( )

# 창문 열기

>> 비밀번호 퍼즐을 맞추어 창문을 열려고 합니다. 보기와 같은 방법으로 퍼즐의 빈칸에 알맞은 수를 써넣으세요.

┌─ 보기 ──────────────────────────────────────┐
│ ┌─ 비밀번호의 힌트 ─┐                             │
│ Ⅰ. 가로줄이나 세로줄에 순서에 상관없이 줄의 양 끝에 있는 수의 사이의 수가 │
│    한 번씩만 들어갑니다.                          │
│ 2. 각 줄에는 서로 다른 수가 들어가야 합니다.          │
│                                             │
│ 비밀번호의 힌트에 맞도록 비밀번호를 알아봅니다.          │
│                                             │
│          2  4                               │
│       2  □  □  5                            │
│       4  □  □  1                            │
│          5  1                               │
│                                             │
│ • 첫 번째 가로줄에서 양 끝에 있는 수가 2, 5이므로 그 사이에는 3, 4 │
│   가 들어갈 수 있습니다.                           │
│ • 두 번째 가로줄에서 양 끝에 있는 수가 1, 4이므로 그 사이에는 2, 3 │
│   이 들어갈 수 있습니다.                           │
│ • 세로줄에 들어갈 수도 같은 수가 있으면 안 되므로 빈칸에는 다음과 │
│   같이 수가 들어가야 합니다.                        │
│                                             │
│          2  4                               │
│       2  4  3  5                            │
│       4  3  2  1                            │
│          5  1                               │
│                                             │
└─────────────────────────────────────────────┘

**1**

|  | 3146 | 3144 |  |
|---|---|---|---|
| 3144 |  |  | 3147 |
| 3146 |  |  | 3143 |
|  | 3143 | 3147 |  |

가로줄에 놓을 수와
세로줄에 놓을 수를 함께
생각해야 해요.

**2**

|  | 7620 | 7622 |  |
|---|---|---|---|
| 7620 |  |  | 7623 |
| 7622 |  |  | 7619 |
|  | 7623 | 7619 |  |

# 2

## 곱셈구구

꼭 알아야 할 **대표 유형**

# STEP 1 Start 실전 개념

## ① 2단 곱셈구구

| × | 1 | 2 | 3 | 4 | 5 | 6 | 7 | 8 | 9 |
|---|---|---|---|---|---|---|---|---|---|
| 2 | 2 | 4 | 6 | 8 | 10 | 12 | 14 | 16 | 18 |

+2 +2 +2 +2 +2 +2 +2 +2

⇨ 2단 곱셈구구에서 곱하는 수가 1씩 커지면 곱은 2씩 커집니다.

## ② 5단 곱셈구구

| × | 1 | 2 | 3 | 4 | 5 | 6 | 7 | 8 | 9 |
|---|---|---|---|---|---|---|---|---|---|
| 5 | 5 | 10 | 15 | 20 | 25 | 30 | 35 | 40 | 45 |

+5 +5 +5 +5 +5 +5 +5 +5

⇨ 5단 곱셈구구에서 곱하는 수가 1씩 커지면 곱은 5씩 커집니다.

## ③ 3단 곱셈구구

| × | 1 | 2 | 3 | 4 | 5 | 6 | 7 | 8 | 9 |
|---|---|---|---|---|---|---|---|---|---|
| 3 | 3 | 6 | 9 | 12 | 15 | 18 | 21 | 24 | 27 |

+3 +3 +3 +3 +3 +3 +3 +3

⇨ 3단 곱셈구구에서 곱하는 수가 1씩 커지면 곱은 3씩 커집니다.

## ④ 6단 곱셈구구

| × | 1 | 2 | 3 | 4 | 5 | 6 | 7 | 8 | 9 |
|---|---|---|---|---|---|---|---|---|---|
| 6 | 6 | 12 | 18 | 24 | 30 | 36 | 42 | 48 | 54 |

+6 +6 +6 +6 +6 +6 +6 +6

⇨ 6단 곱셈구구에서 곱하는 수가 1씩 커지면 곱은 6씩 커집니다.

참고

**2×5를 계산하는 방법**

방법1 2×5는 2씩 5번 더해서 계산할 수 있습니다.
$2×5=2+2+2+2+2$
$=10$

방법2 2×5는 2×4에 2를 더해서 계산할 수 있습니다.
$2×4=8$
$2×5=10$ $+2$

**활용 개념**

· 2단 곱셈구구의 특징
2단 곱셈구구의 값의 일의 자리 숫자는 2, 4, 6, 8, 0입니다.

· 5단 곱셈구구의 특징
5단 곱셈구구의 값의 일의 자리 숫자는 5 또는 0입니다.

· 3단 곱셈구구의 특징
3단 곱셈구구의 값의 각 자리 숫자를 더하면 3단 곱셈구구의 값이 됩니다.
예 $3×7=21$ ⇨ $2+1=3$
3단 곱셈구구의 값

참고

**3, 6단 곱셈구구의 관계**
3단 곱셈구구의 값에서 6단 곱셈구구의 값을 찾을 수 있습니다.
3단: 3, 6, 9, 12, 15, 18, 21, 24, 27, …
6단: 6, 12, 18, 24, …

**34** • 수학 2-2

**1** 빈칸에 알맞은 수를 써넣으세요.

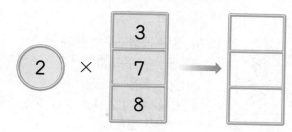

**2** 상자 한 개의 길이는 6 cm입니다. 상자 4개의 길이는 몇 cm일까요?

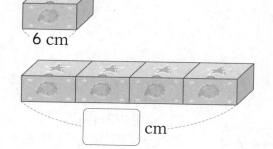

활용 개념

**3** 5단 곱셈구구의 값이 <u>아닌</u> 수는 어느 것일까요? ……………………… ( )

① 10      ② 20      ③ 25
④ 34      ⑤ 45

**4** ⬜ 안에 알맞은 수를 구하세요.

$$5 \times \boxed{\phantom{0}} = 35$$

( )

활용 개념

**5** 3단 곱셈구구의 값은 모두 몇 개일까요?

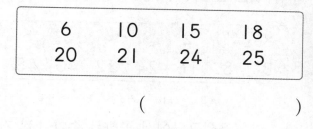

( )

**6** 구슬의 수를 구하는 방법을 <u>잘못</u> 말한 사람의 이름을 써 보세요.

연하: 구슬의 수는 3씩 4번 더하면 구할 수 있어.
석진: 구슬의 수는 3×3에서 3을 빼서 구할 수 있어.
가은: 구슬의 수는 3×4=12라서 모두 12개야.

( )

## 1  4단 곱셈구구

| × | 1 | 2 | 3 | 4 | 5 | 6 | 7 | 8 | 9 |
|---|---|---|---|---|---|---|---|---|---|
| 4 | 4 | 8 | 12 | 16 | 20 | 24 | 28 | 32 | 36 |

+4  +4  +4  +4  +4  +4  +4  +4

⇨ 4단 곱셈구구에서 곱하는 수가 1씩 커지면 곱은 4씩 커집니다.

## 2  8단 곱셈구구

| × | 1 | 2 | 3 | 4 | 5 | 6 | 7 | 8 | 9 |
|---|---|---|---|---|---|---|---|---|---|
| 8 | 8 | 16 | 24 | 32 | 40 | 48 | 56 | 64 | 72 |

+8  +8  +8  +8  +8  +8  +8  +8

⇨ 8단 곱셈구구에서 곱하는 수가 1씩 커지면 곱은 8씩 커집니다.

## 3  7단 곱셈구구

| × | 1 | 2 | 3 | 4 | 5 | 6 | 7 | 8 | 9 |
|---|---|---|---|---|---|---|---|---|---|
| 7 | 7 | 14 | 21 | 28 | 35 | 42 | 49 | 56 | 63 |

+7  +7  +7  +7  +7  +7  +7  +7

⇨ 7단 곱셈구구에서 곱하는 수가 1씩 커지면 곱은 7씩 커집니다.

## 4  9단 곱셈구구

| × | 1 | 2 | 3 | 4 | 5 | 6 | 7 | 8 | 9 |
|---|---|---|---|---|---|---|---|---|---|
| 9 | 9 | 18 | 27 | 36 | 45 | 54 | 63 | 72 | 81 |

+9  +9  +9  +9  +9  +9  +9  +9

⇨ 9단 곱셈구구에서 곱하는 수가 1씩 커지면 곱은 9씩 커집니다.

---

**참고**

**4, 8단 곱셈구구의 관계**
4단 곱셈구구의 값에서 8단 곱셈구구의 값을 찾을 수 있습니다.
4단: 4, **8**, 12, **16**, 20, **24**, 28, **32**, 36, …
8단: **8**, **16**, **24**, **32**, …

**활용 개념**

**9단 곱셈구구의 특징**
9단 곱셈구구의 값의 각 자리 숫자를 모두 더하면 9가 됩니다.
예 $9 \times 6 = 54$ ⇨ $5 + 4 = 9$
　$9 \times 9 = 81$ ⇨ $8 + 1 = 9$

**1** 빈칸에 알맞은 수를 써넣으세요.

| × | 3 | 4 | 7 | 9 |
|---|---|---|---|---|
| 4 | | | | |

**2** 수직선을 보고 ☐ 안에 알맞은 수를 써넣으세요.

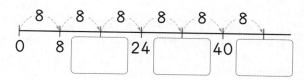

**3** 7단 곱셈구구의 값을 찾아 선으로 이어 보세요.

7×8 ·          · 28

7×6 ·          · 42

7×4 ·          · 56

**4** 4단 곱셈구구의 값에는 모두 ○표, 8단 곱셈구구의 값에는 모두 △표 하세요.

| 1 | 2 | 3 | 4 | 5 |
|---|---|---|---|---|
| 6 | 7 | 8 | 9 | 10 |
| 11 | 12 | 13 | 14 | 15 |
| 16 | 17 | 18 | 19 | 20 |
| 21 | 22 | 23 | 24 | 25 |

**5** 보기 와 같이 수 카드를 한 번씩만 사용하여 ☐ 안에 알맞은 수를 써넣으세요.

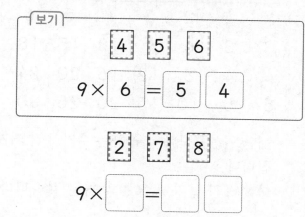

활용 개념

**6** 9단 곱셈구구의 값 중에서 일의 자리 숫자가 1인 수는 얼마일까요?

(          )

### 1 | 단 곱셈구구

| × | 1 | 2 | 3 | 4 | 5 | 6 | 7 | 8 | 9 |
|---|---|---|---|---|---|---|---|---|---|
| 1 | 1 | 2 | 3 | 4 | 5 | 6 | 7 | 8 | 9 |

- $1 \times (어떤 수) = (어떤 수)$

**참고**

- 0과 어떤 수의 합은 어떤 수 자신 이 됩니다.
  ⇨ $0 + ■ = ■$
- 어떤 수와 0의 합은 어떤 수 자신 이 됩니다.
  ⇨ $■ + 0 = ■$

### 2 0의 곱

- $0 \times (어떤 수) = 0$, $(어떤 수) \times 0 = 0$

### 3 곱셈표 만들기

$4 \times 3 = 12$ ← → $3 \times 4 = 12$

| × | 1 | 2 | 3 | 4 | 5 | 6 | 7 | 8 | 9 |
|---|---|---|---|---|---|---|---|---|---|
| 3 | 3 | 6 | 9 | ⑫ | 15 | 18 | 21 | 24 | 27 |
| 4 | 4 | 8 | ⑫ | 16 | 20 | 24 | 28 | 32 | 36 |
| 5 | 5 | 10 | 15 | 20 | 25 | 30 | 35 | 40 | 45 |

- ■단 곱셈구구에서 곱하는 수가 1씩 커지면 곱은 ■씩 커 집니다.
- ●×▲의 곱과 ▲×●의 곱은 같습니다.

**활용 개념**

두 수의 순서를 바꾸어 곱하기

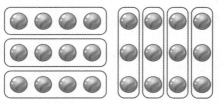

$4 \times 3 = 12$     $3 \times 4 = 12$

⇨ 곱하는 두 수의 순서를 서로 바꾸 어도 곱은 같습니다.

### 4 곱셈구구를 이용하여 문제 해결하기

요구르트가 한 줄에 5개씩 묶여 있습니다. 9줄에 묶여 있 는 요구르트는 모두 몇 개일까요?

⇨ 5개씩 9줄이므로 요구르트는 모두 $5 \times 9 = 45$(개)입 니다.

**[1~2] 곱셈표를 보고 물음에 답하세요.**

| × | 4 | 5 | 6 | 7 | 8 |
|---|---|---|---|---|---|
| 4 | | | | 28 | |
| 5 | | | 30 | | |
| 6 | 24 | | | | |
| 7 | | 35 | | | |
| 8 | | | | | 64 |

**1** 빈칸에 알맞은 수를 써넣어 곱셈표를 완성해 보세요.

**활용 개념**

**2** ☐ 안에 알맞은 수를 써넣으세요.

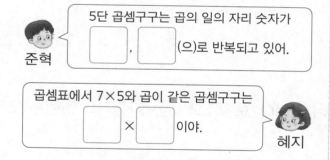

준혁: 5단 곱셈구구는 곱의 일의 자리 숫자가 ☐, ☐ (으)로 반복되고 있어.

혜지: 곱셈표에서 7×5와 곱이 같은 곱셈구구는 ☐ × ☐ 이야.

**3** 빈칸에 알맞은 수를 써넣으세요.

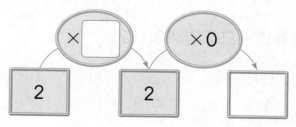

**4** ☐ 안에 알맞은 수가 <u>다른</u> 하나를 찾아 기호를 써 보세요.

⊙ 1×0=☐    ⓒ ☐×8=0

ⓒ ☐×6=0    ⓔ ☐×5=5

(                    )

**5** 달걀판에 달걀을 한 줄에 6개씩 5줄로 담았습니다. 달걀판에 담은 달걀은 모두 몇 개일까요?

(                    )

**6** 연필을 유진이는 7자루 가지고 있고, 우성이는 유진이가 가진 연필 수의 4배보다 5자루 더 적게 가지고 있습니다. 우성이가 가지고 있는 연필은 몇 자루일까요?

(                    )

# STEP 2 Jump 실전 유형

## 유형 1 전체의 수를 구하는 문제

유라는 세잎클로버 5개와 네잎클로버 3개를 주웠습니다. 유라가 주운 클로버의 잎은 모두 몇 장인지 구하세요.

| 세잎클로버 |
|---|
|  |

| 네잎클로버 |
|---|
| 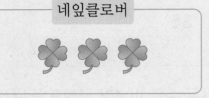 |

**문제해결 Key**

■개씩 ●묶음 ⇨ ■×●
❶ 세잎클로버의 잎 수 구하기
❷ 네잎클로버의 잎 수 구하기
❸ 클로버의 전체 잎 수 구하기

**| 풀이 |**

❶ 세잎클로버의 잎: 3장씩 5개이므로 3×5=☐(장)

❷ 네잎클로버의 잎: 4장씩 3개이므로 4×3=☐(장)

❸ 유라가 주운 클로버의 잎: 15+☐=☐(장)

답 _____

---

**1-1** 자전거 보관소에 있는 자전거의 수입니다. 보관소에 있는 자전거의 바퀴는 모두 몇 개일까요?

| 세발자전거의 수 | 네발자전거의 수 |
|---|---|
| 2대 | 6대 |

( )

---

**1-2** 다음과 같이 도형이 있습니다. 도형의 변은 모두 몇 개일까요?

| 삼각형 | 사각형 | 원 |
|---|---|---|
| 5개 | 4개 | 7개 |

( )

## 유형 ② 어떤 수를 구하는 문제

어떤 수에 7을 곱해야 할 것을 잘못하여 더했더니 11이 되었습니다. 바르게 계산하면 얼마일까요?

**문제해결 Key**

❶ 어떤 수 구하기
❷ 바르게 계산한 값 구하기

| 풀이 |

❶ 어떤 수를 ■라 하면

■+7=11, 11−7=■, ■=☐ 입니다.

❷ 바르게 계산하면 ☐×7=☐ 입니다.

답 _____

**2-1**   어떤 수에 3을 곱해야 할 것을 잘못하여 뺐더니 5가 되었습니다. 바르게 계산하면 얼마일까요?

(           )

**2-2**   어떤 수에 3을 곱해야 할 것을 잘못하여 더했더니 2×6의 곱과 같았습니다. 바르게 계산하면 얼마일까요?

(           )

**2-3**   같은 두 수를 곱해야 할 것을 잘못하여 더했더니 12가 되었습니다. 바르게 계산하면 얼마일까요?

(           )

2 단원

준혁이는 과녁 맞히기 놀이를 하여 다음과 같이 맞혔습니다. 준혁이가 얻은 점수는 모두 몇 점일까요?

| 과녁에 적힌 점수(점) | 0 | 1 | 2 |
|---|---|---|---|
| 맞힌 횟수(번) | 2 | 5 | 3 |

**문제해결 Key**

· 0×(어떤 수)=0

· 1×(어떤 수)=(어떤 수)

❶ 0점, 1점, 2점짜리를 맞혀서 얻은 점수 각각 구하기

❷ 준혁이가 얻은 점수 구하기

**| 풀이 |**

❶ (0점짜리를 맞혀서 얻은 점수)=0×2=☐(점)

 (1점짜리를 맞혀서 얻은 점수)=1×5=☐(점)

 (2점짜리를 맞혀서 얻은 점수)=2×3=☐(점)

❷ (준혁이가 얻은 점수)=☐+☐+☐=☐(점)

답 _____

**3-1** 희원이는 과녁 맞히기 놀이를 하여 다음과 같이 맞혔습니다. 희원이가 얻은 점수는 모두 몇 점일까요?

| 과녁에 적힌 점수(점) | 0 | 1 | 3 |
|---|---|---|---|
| 맞힌 횟수(번) | 1 | 3 | 6 |

( )

**3-2** 규리가 과녁 맞히기 놀이를 하여 오른쪽과 같이 맞혔습니다. 규리가 얻은 점수는 모두 몇 점일까요?

( )

## 유형 ④ 수 카드로 곱을 구하는 문제

4장의 수 카드 중 2장을 골라 두 수의 곱을 구하려고 합니다. 가장 큰 곱을 구하세요.

$$\boxed{8} \quad \boxed{0} \quad \boxed{7} \quad \boxed{3}$$

| 문제해결 Key |
| --- |

(가장 큰 곱)
=(가장 큰 수)×(두 번째로 큰 수)

❶ 수 카드의 수의 크기 비교
  하기
❷ 가장 큰 곱 구하기

| 풀이 |

❶ 수 카드의 수의 크기 비교: $\boxed{\phantom{0}} > \boxed{\phantom{0}} > \boxed{\phantom{0}} > \boxed{\phantom{0}}$

❷ (가장 큰 곱)=(가장 큰 수)×(두 번째로 큰 수)

$$=8 \times \boxed{\phantom{0}} = \boxed{\phantom{0}}$$

답 _____

**2**
단원

**4-1** 4장의 수 카드 중 2장을 골라 두 수의 곱을 구하려고 합니다. 가장 작은 곱을 구하세요.

$$\boxed{3} \quad \boxed{6} \quad \boxed{2} \quad \boxed{4}$$

(          )

**4-2** 5장의 수 카드 중 2장을 골라 두 수의 곱을 구하려고 합니다. 가장 큰 곱과 가장 작은 곱의 차를 구하세요.

$$\boxed{6} \quad \boxed{3} \quad \boxed{7} \quad \boxed{9} \quad \boxed{5}$$

(          )

## 유형 ⑤ ☐가 있는 곱의 크기 비교를 하는 문제

1부터 9까지의 수 중에서 ■에 들어갈 수 있는 수를 모두 구하세요.

$$6 \times ■ < 7 \times 3$$

### 문제해결 Key

계산할 수 있는 곱셈부터 먼저 계산한 다음 크기 비교를 합니다.

❶ $7 \times 3$의 곱 구하기
❷ ■에 1, 2, 3, 4, …를 넣어 $7 \times 3$의 곱과 비교하기
❸ ■에 들어갈 수 있는 수 구하기

| 풀이 |

❶ $7 \times 3 = \boxed{\phantom{00}}$

❷ ■=1일 때 $6 \times 1 = \boxed{\phantom{00}}$ ⇨ $6 < 21$

　■=2일 때 $6 \times 2 = \boxed{\phantom{00}}$ ⇨ $\boxed{\phantom{00}} \bigcirc 21$

　■=3일 때 $6 \times 3 = \boxed{\phantom{00}}$ ⇨ $\boxed{\phantom{00}} \bigcirc 21$

　■=4일 때 $6 \times 4 = \boxed{\phantom{00}}$ ⇨ $\boxed{\phantom{00}} \bigcirc 21$

　　　⋮

❸ ■에 들어갈 수 있는 수: $\boxed{\phantom{0000000}}$

답 _____

**5-1** 1부터 9까지의 수 중에서 ☐ 안에 들어갈 수 있는 수는 모두 몇 개일까요?

$$7 \times \boxed{\phantom{0}} > 5 \times 9$$

(　　　　　　　)

**5-2** ☐ 안에 공통으로 들어갈 수 있는 수를 구하세요.

$$6 \times 5 > \boxed{\phantom{0}} , \quad 7 \times 4 < \boxed{\phantom{0}}$$

(　　　　　　　)

## 유형 **6** 여러 가지 방법으로 곱을 구하는 문제

7×5를 계산하는 방법입니다. ●+■의 값을 구하세요.

> 방법1 7×5는 7×3과 7×●를 더해서 계산할 수 있습니다.
> 방법2 7×5는 7×■에서 7을 빼서 계산할 수 있습니다.

### 문제해결 Key

그림이나 수직선을 그려서 7×5를 계산하는 방법을 알아봅니다.

❶ ●의 값 구하기
❷ ■의 값 구하기
❸ ●+■의 값 구하기

| 풀이 |

❶ 방법1 에서

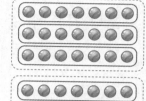

7×5는 7×3과 7×☐을/를 더해서 계산할 수 있습니다.

⇨ ●=☐

❷ 방법2 에서

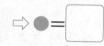

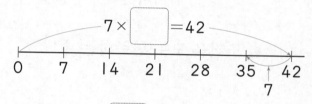

7×5는 7×☐에서 7을 빼서 계산할 수 있습니다.

⇨ ■=☐

❸ ●+■=☐+☐=☐

답 _____

**6-1** 9×6을 계산하는 방법입니다. ●+▲+■의 값을 구하세요.

> 방법1 9×6은 9씩 ●번 더해서 계산할 수 있습니다.
> 방법2 9×6은 9×▲에 9를 더해서 계산할 수 있습니다.
> 방법3 9×6은 9×■를 2번 더해서 계산할 수 있습니다.

( _____ )

## 유형 ⑦ 조건을 만족하는 수를 구하는 문제

다음 조건 을 모두 만족하는 수를 구하세요.

> 조건
> · 8×3보다 작습니다.
> · 4단 곱셈구구의 값입니다.
> · 6단 곱셈구구의 값에도 있습니다.

**문제해결 Key**

조건을 만족하는 수를 차례대로 찾습니다.

❶ 8×3보다 작은 수 중 4단 곱셈구구의 값 찾기
❷ ❶에서 찾은 수 중 6단 곱셈구구의 값 찾기
❸ 조건을 모두 만족하는 수 구하기

| 풀이 |

❶ 8×3= ☐ 보다 작은 수 중 4단 곱셈구구의 값은

4, 8, ☐ , ☐ , ☐ 입니다.

❷ ❶에서 찾은 수 중 6단 곱셈구구의 값에도 있는 수는

☐ 입니다.

❸ 조건을 모두 만족하는 수: ☐

답 _____

---

**7-1** 다음 조건 을 모두 만족하는 수를 구하세요.

> 조건
> · 7×4보다 작습니다.
> · 6단 곱셈구구의 값입니다.
> · 9단 곱셈구구의 값에도 있습니다.

( )

---

**7-2** 다음 세 조건 을 만족하는 수는 모두 몇 개일까요?

> 조건
> · 2×5보다 크고 4×9보다 작습니다.
> · 4단 곱셈구구의 값입니다.
> · 8단 곱셈구구의 값에도 있습니다.

( )

**창의·융합** | 유형 ❽ 곱의 크기를 비교하는 문제

바이올린, 첼로, 기타와 같이 줄을 이용하여 소리를 내는 악기를 현악기라고 합니다. 선하네 학교 음악실에는 기타 5대와 바이올린 7대가 있습니다. 음악실에 있는 기타와 바이올린 중 줄 수의 합이 더 많은 것은 무엇일까요?

| 기타: 6줄 | 바이올린: 4줄 |

**문제해결 Key**

(악기 한 대의 줄 수)×(악기의 수)
=(줄 수의 합)

❶ 기타 5대의 줄 수의 합 구하기
❷ 바이올린 7대의 줄 수의 합 구하기
❸ 줄 수의 합이 더 많은 것 찾기

| 풀이 |

❶ 기타 5대의 줄 수의 합:

6줄씩 5대이므로 6×5=[   ] (줄)

❷ 바이올린 7대의 줄 수의 합:

4줄씩 7대이므로 4×7=[   ] (줄)

❸ [   ] > [   ] 이므로 줄 수의 합이 더 많은 것은

( 기타, 바이올린 )입니다.

답 _____

**8-1**

민재네 학교 음악실에는 거문고 3대와 해금 8대가 있습니다. 음악실에 있는 거문고와 해금 중 줄 수의 합이 더 많은 것은 무엇일까요?

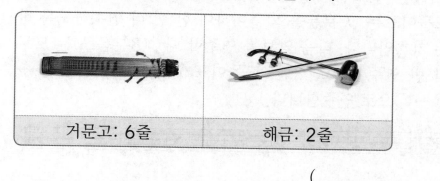

| 거문고: 6줄 | 해금: 2줄 |

(                    )

**1** 곱이 큰 것부터 차례대로 기호를 써 보세요.

> ㉠ 3×7 ㉡ 4×5
> ㉢ 9×2 ㉣ 6×7

( )

○유형 **8**

**2** 민서가 미술 시간에 색종이 7장을 그림과 같이 접었다가 펼친 후 접힌 선을 따라 모두 잘랐습니다. 자른 색종이는 모두 몇 조각이 될까요?

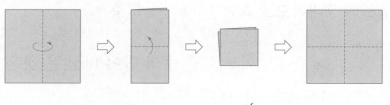

( )

창의·융합 수학+통합 |해법 경시 유형|

**3** 도돌이표는 그 부분을 되풀이하여 한 번 더 연주하도록 하는 기호입니다. 다음 악보를 연주할 때 ♪(8분음표)는 모두 몇 번 연주할까요? (단, 도돌이표가 있으므로 ㉠→㉡→ ㉠→㉡으로 연주합니다.)

( )

**4** 유진이의 나이는 9살입니다. 어머니의 연세는 유진이 나이의 4배보다 3살 더 많습니다. 어머니의 연세는 몇 세일까요?

(          )

오답 노트

**5** 1부터 9까지의 수 중에서 ☐ 안에 들어갈 수 있는 수를 모두 구하세요.

$$\boxed{\phantom{x}} \times 2 < 16 - 9$$

(          )

🎧유형**5**

**6** 곱셈표의 일부입니다. ●와 ▲의 차를 구하세요.

| × | 3 | 4 | 5 | 6 | 7 | 8 | 9 |
|---|---|---|---|---|---|---|---|
| ● | | | 30 | | | | 54 |
| 9 | | | | | ▲ | | |

(          )

**7** 어떤 수인지 구하세요.

> • 7단 곱셈구구의 값입니다.
> • 짝수입니다.
> • 십의 자리 숫자는 20을 나타냅니다.

(             )

Ω 유형 ❼

창의·융합 수학+통합 |해법 경시 유형|

**8** 선우는 민속촌에서 *투호를 했습니다. 화살을 던져서 넣으면 I점, 넣지 못하면 0점을 얻을 때 선우가 화살을 I0개 던져 4점을 얻었습니다. 선우는 화살을 몇 개 넣었고, 몇 개 넣지 못했을까요?

▲ 투호

넣은 화살 (         )

넣지 못한 화살 (         )

*투호: 병을 일정한 거리에 놓고 그 속에 화살을 던져 넣어 병 속에 많이 넣는 수로 승부를 가리는 놀이

**9** 운동장에 남학생은 한 줄에 8명씩 5줄로 서 있고, 여학생은 한 줄에 7명씩 6줄로 서 있습니다. 운동장에 서 있는 학생은 모두 몇 명일까요?

(             )

Ω 유형 ❶

**10** 세진이가 공을 꺼내어 공에 적힌 수만큼 점수를 얻는 놀이를 하였습니다. 세진이가 얻은 점수는 모두 몇 점일까요?

| 공에 적힌 수 | 0 | 2 | 4 | 6 |
|---|---|---|---|---|
| 꺼낸 횟수(번) | 2 | 0 | 3 | 1 |

(                    )

◠유형❸

|해법 경시 유형|

**11** ●는 모두 같은 한 자리 수입니다. ●에 알맞은 수를 구하세요.

$$●+●+●+●+●=2●$$

(                    )

**12** 어떤 수에 3을 곱해야 할 것을 잘못하여 8을 곱하였더니 56이 되었습니다. 바르게 계산하면 얼마일까요?

(                    )

◠유형❷

오답 노트

**13** 연결 모형의 수를 두 가지 방법으로 구하려고 합니다. ㉠과 ㉡에 알맞은 수의 합을 구하세요.

> **방법1** 3×2와 5×㉠을 더해서 구합니다.
>
> **방법2** 2×3과 3×㉡을 더해서 구합니다.

(          )

∩유형❻

**14** 1부터 9까지의 수 중 어떤 수 ㉠을 두 번 곱하였더니 곱의 일의 자리 숫자가 ㉠과 같았습니다. ㉠이 될 수 있는 수를 모두 구하세요.

(          )

|성대 경시 유형|

**15** 모르는 수가 2개 적힌 5장의 수 카드 중 2장을 골라 두 수의 곱을 구하려고 합니다. 민서가 만든 곱은 3이고, 현우가 만든 곱은 0입니다. 만들 수 있는 두 수의 곱 중 가장 큰 곱을 구하세요.

2   ?   4   1   ?

(          )

∩유형❹

오답 노트

**16** 다음 조건 을 모두 만족하는 수를 구하세요.

> 조건
> · 20보다 크고 50보다 작습니다.
> · 7단 곱셈구구의 값입니다.
> · 8단 곱셈구구의 값보다 **1**만큼 더 큽니다.

(                    )

Ω 유형 **7**

**17** 농장에 닭과 돼지가 모두 **16**마리 있습니다. 농장에 있는 닭과 돼지의 다리 수를 세어 보니 모두 **46**개였다면 닭과 돼지는 각각 몇 마리 있을까요?

닭 (                    )

돼지 (                    )

**18** 규재가 주머니 한 개에 구슬을 **9**개씩 **4**개의 주머니에 넣었더니 구슬이 **7**개 남았습니다. 이 구슬을 주머니 **5**개에 ㉠개씩 넣으면 구슬이 **3**개 남을 때 ㉠은 얼마일까요?

(                    )

2
단원

수학+통합

**1** 북두칠성은 북쪽 하늘에 7개의 별이 국자 모양을 이루고 있는 별자리를 말합니다. 의현이가 성냥개비를 사용하여 왼쪽 그림과 같이 별 모양을 만들어 북두칠성 그림의 별자리에 성냥개비 별을 모두 붙이려고 합니다. 성냥개비는 모두 몇 개 필요할까요?

(                    )

**성대 경시 유형**

**2** 2단부터 9단까지의 곱이 18인 곱셈식은 보기와 같이 4번 나옵니다. 2단부터 9단까지의 곱이 16인 곱셈식은 모두 몇 번 나올까요?

보기
$2 \times 9 = 18, \ 3 \times 6 = 18, \ 6 \times 3 = 18, \ 9 \times 2 = 18$

(                    )

**3** 같은 모양은 같은 수를 나타낼 때 다음을 만족하는 ■＋●의 값을 구하세요. (단, ■와 ●는 한 자리 수입니다.)

$$■ － ● = 4$$
$$■ \times ● = 45$$

(                    )

|성대 경시 유형|

**4** 다음은 곱셈표의 일부를 잘라낸 것입니다. ㉠에 알맞은 수를 구하세요.

| 20 | | |
|---|---|---|
| | 30 | |
| 28 | ㉠ | |

(                    )

|해법 경시 유형|

**5** 보기와 같은 규칙에 따라 ㉠과 ㉡에 알맞은 수의 곱을 구하세요.

보기

|   | 3 |   |
|---|---|---|
| 2 | 12 | 6 |
|   | 4 |   |

|   | 3 |   |
|---|---|---|
| 2 | 18 | 9 |
|   | 6 |   |

|   | 3 |   |
|---|---|---|
| 4 | 24 | 6 |
|   | 8 |   |

|   | 6 |   |
|---|---|---|
| 4 | 36 | ㉠ |
|   | ㉡ |   |

(                    )

**6** 6장의 수 카드 중 2장을 뽑아 두 수의 곱을 구하려고 합니다. 곱의 일의 자리 숫자가 0이 되도록 수 카드를 뽑을 수 있는 경우는 모두 몇 가지일까요? (단, 뽑는 순서는 생각하지 않습니다.)

| 1 | 6 | 5 | 2 | 3 | 8 |

(           )

|성대 경시 유형|

**7** 4와 6에 각각 같은 수를 곱해서 나온 결과를 더한 값은 80입니다. 곱한 수는 얼마일까요?

(           )

**8** 상자에 25개보다 적은 수의 사과가 들어 있습니다. 이 사과를 3개씩 포장하면 2개가 남고 5개씩 포장하면 4개가 남습니다. 상자에 들어 있는 사과는 몇 개일까요?

(           )

| 해법 경시 유형 |

**9** 서희와 서준이는 같은 해 같은 날에 태어났습니다. 올해 서희, 서준, 아빠 세 사람 나이의 합은 **43**살입니다. **2**년 후 아빠의 연세는 서희 나이의 **5**배가 됩니다. 올해 서희의 나이는 몇 살인지 구하세요.

( )

| 성대 경시 유형 |

**10** 다음과 같이 성냥개비 **3**개로 삼각형을 만들고, **4**개로 사각형을 만들려고 합니다. [보기]와 같이 성냥개비를 이어 붙여서 도형을 만들지 않고 성냥개비 **26**개를 남김없이 사용하여 삼각형과 사각형을 만들 때 삼각형과 사각형의 개수의 합이 가장 많을 때는 몇 개일까요?

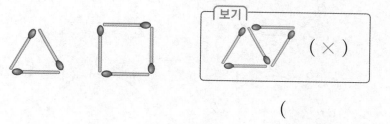

( )

# 곱셈구구에서 규칙 찾기

>> 보기 의 곱셈표는 곱셈구구의 일의 자리 숫자만 적은 것입니다. 곱셈표를 보고 각 단의 그림에 곱의 일의 자리 숫자를 차례대로 선을 그어 보세요.

보기

| × | 0 | 1 | 2 | 3 | 4 | 5 | 6 | 7 | 8 | 9 |
|---|---|---|---|---|---|---|---|---|---|---|
| 0 | 0 | 0 | 0 | 0 | 0 | 0 | 0 | 0 | 0 | 0 |
| 1 | 0 | 1 | 2 | 3 | 4 | 5 | 6 | 7 | 8 | 9 |
| 2 | 0 | 2 | 4 | 6 | 8 | 0 | 2 | 4 | 6 | 8 |
| 3 | 0 | 3 | 6 | 9 | 2 | 5 | 8 | 1 | 4 | 7 |
| 4 | 0 | 4 | 8 | 2 | 6 | 0 | 4 | 8 | 2 | 6 |
| 5 | 0 | 5 | 0 | 5 | 0 | 5 | 0 | 5 | 0 | 5 |
| 6 | 0 | 6 | 2 | 8 | 4 | 0 | 6 | 2 | 8 | 4 |
| 7 | 0 | 7 | 4 | 1 | 8 | 5 | 2 | 9 | 6 | 3 |
| 8 | 0 | 8 | 6 | 4 | 2 | 0 | 8 | 6 | 4 | 2 |
| 9 | 0 | 9 | 8 | 7 | 6 | 5 | 4 | 3 | 2 | 1 |

2단 곱셈구구의 경우 2×0=0, 2×1=2, 2×2=4, …이므로 0에서 2로, 2에서 4로, … 선을 차례대로 그어요.

1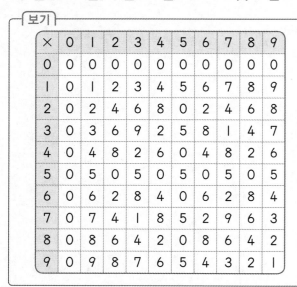

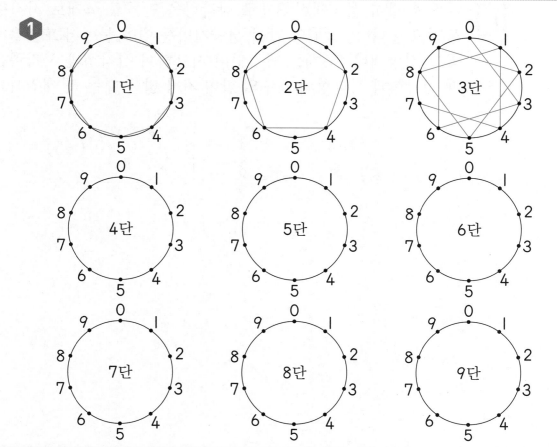

≫ 보기 의 곱셈표는 다음과 같은 [규칙]에 따라 적은 것입니다. 곱셈표를 보고 각 단의 그림에 [규칙]에 따라 차례대로 선을 그어 보세요.

보기

**[규칙]**

① 곱셈구구의 곱이 한 자리 수이면 그 대로 적습니다.

② 곱셈구구의 곱이 두 자리 수이면 한 자리 수가 될 때까지 십의 자리 숫자 와 일의 자리 숫자를 더한 값을 적습 니다.

예 $4 \times 7 = 28 \rightarrow 2 + 8 = 10$
$\rightarrow 1 + 0 = \boxed{1}$

| × | 1 | 2 | 3 | 4 | 5 | 6 | 7 | 8 | 9 |
|---|---|---|---|---|---|---|---|---|---|
| 1 | 1 | 2 | 3 | 4 | 5 | 6 | 7 | 8 | 9 |
| 2 | 2 | 4 | 6 | 8 | 1 | 3 | 5 | 7 | 9 |
| 3 | 3 | 6 | 9 | 3 | 6 | 9 | 3 | 6 | 9 |
| 4 | 4 | 8 | 3 | 7 | 2 | 6 | 1 | 5 | 9 |
| 5 | 5 | 1 | 6 | 2 | 7 | 3 | 8 | 4 | 9 |
| 6 | 6 | 3 | 9 | 6 | 3 | 9 | 6 | 3 | 9 |
| 7 | 7 | 5 | 3 | 1 | 8 | 6 | 4 | 2 | 9 |
| 8 | 8 | 7 | 6 | 5 | 4 | 3 | 2 | 1 | 9 |
| 9 | 9 | 9 | 9 | 9 | 9 | 9 | 9 | 9 | 9 |

**2**

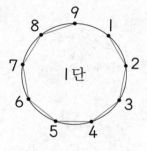

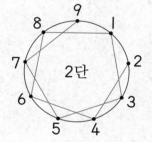

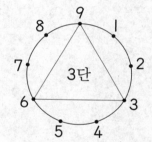

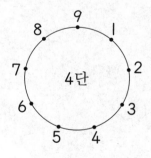

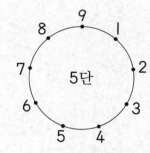

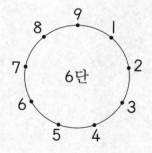

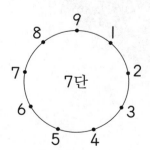

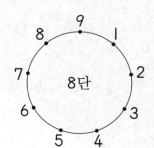

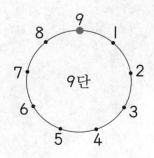

# 3

# 길이 재기

## 꼭 알아야 할 대표 유형

## 1 cm보다 더 큰 단위 알아보기

- 100 cm는 1 m와 같습니다.
  1 m는 1미터라고 읽습니다.

  > 100 cm＝1 m

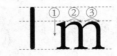

- 130 cm는 1 m보다 30 cm 더 깁니다.
  130 cm를 1 m 30 cm라고도 씁니다.
  1 m 30 cm를 1미터 30센티미터 라고 읽습니다.

  > 130 cm＝1 m 30 cm

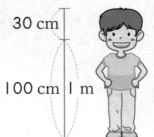

30 cm

100 cm 1 m

## 2 자로 길이를 재어 보기

- 줄자를 사용하여 길이 재는 방법

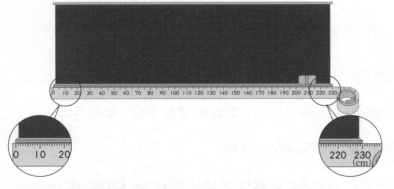

① 칠판의 한끝을 줄자의 눈금 0에 맞춥니다.
② 칠판의 다른 쪽 끝에 있는 줄자의 눈금을 읽습니다.
  눈금이 230이므로 칠판의 길이는 2 m 30 cm입니다.

---

**미리보기 3-1**

1 cm보다 작은 단위

1 mm: 1 cm를 10칸으로 똑같이 나누었을 때 작은 눈금 한 칸의 길이

쓰기 1 mm   읽기 1 밀리미터

**활용 개념 ①**

단위가 다른 길이 비교하기

예 810 cm와 8 m 1 cm의 길이 비교

방법 1
810 cm＝8 m 10 cm
➡ 8 m 10 cm＞8 m 1 cm

방법 2
8 m 1 cm＝801 cm
➡ 810 cm＞801 cm

**활용 개념 ②**

0이 아닌 눈금에 맞추어진 물건의 길이 재기

예
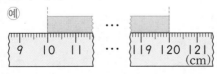

(다른 끝)-(한끝)＝120 cm-10 cm
　　　　　　＝110 cm
　　　　　　＝1 m 10 cm

**1** cm와 m 중 길이를 m로 나타내기에 더 알맞은 것은 어느 것일까요?···(      )

① 연필의 길이    ② 빨대의 길이
③ 젓가락의 길이   ④ 자동차의 길이
⑤ 가위의 길이

**2** 줄넘기의 줄의 길이를 바르게 잰 것을 찾아 기호를 써 보세요.

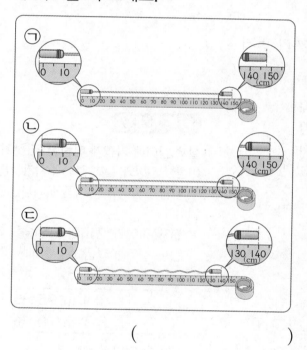

(                    )

**3** 자의 눈금을 읽어 보세요.

**4** 물건의 길이를 자로 잰 것입니다. 빈칸에 알맞게 써넣으세요.

| 물건 | □ m □ cm | □ cm |
|---|---|---|
| 교실 문의 높이 | | 230 cm |
| 책상의 짧은 쪽의 길이 | 1 m 5 cm | |

활용 개념 ❶

**5** 길이를 비교하여 ○ 안에 >, =, <를 알맞게 써넣으세요.

625 cm 〇 6 m 52 cm

활용 개념 ❷

**6** 끈의 길이는 몇 m 몇 cm일까요?

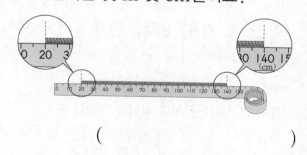

(                    )

## 1 길이의 합 구하기

m는 m끼리, cm는 cm끼리 맞추어 쓴 다음, cm끼리 먼저
더하고 m끼리 더합니다.

$$
\begin{array}{r}
2\,\text{m}\ \ 30\,\text{cm} \\
+\ 1\,\text{m}\ \ 40\,\text{cm} \\
\hline
70\,\text{cm}
\end{array}
\ \Rightarrow\
\begin{array}{r}
2\,\text{m}\ \ 30\,\text{cm} \\
+\ 1\,\text{m}\ \ 40\,\text{cm} \\
\hline
3\,\text{m}\ \ 70\,\text{cm}
\end{array}
$$

└─ 30 cm+40 cm
　 =70 cm

└─ 2 m+1 m=3 m

## 2 길이의 차 구하기

m는 m끼리, cm는 cm끼리 맞추어 쓴 다음, cm끼리 먼저
빼고 m끼리 뺍니다.

$$
\begin{array}{r}
3\,\text{m}\ \ 70\,\text{cm} \\
-\ 2\,\text{m}\ \ 50\,\text{cm} \\
\hline
20\,\text{cm}
\end{array}
\ \Rightarrow\
\begin{array}{r}
3\,\text{m}\ \ 70\,\text{cm} \\
-\ 2\,\text{m}\ \ 50\,\text{cm} \\
\hline
1\,\text{m}\ \ 20\,\text{cm}
\end{array}
$$

└─ 70 cm−50 cm
　 =20 cm

└─ 3 m−2 m=1 m

## 3 길이 어림하기

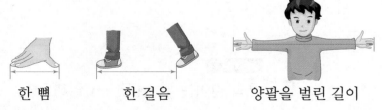

한 뼘　　　　한 걸음　　　양팔을 벌린 길이

한 뼘, 한 걸음, 양팔을 벌린 길이 등을 이용하여 생활 속의
긴 길이를 어림할 수 있습니다.

**주의**

**몸의 일부를 이용하여 길이를 어림할 때**
① 주어진 길이를 재는 데 알맞은 몸의 일부를 정합니다.
② 단위길이를 일정하게 하여 잽니다.

---

**활용 개념 ❶**

· 받아올림이 있는 길이의 합

예
$$
\begin{array}{r}
1\ \ \ \ \ \ \ \ \\
3\,\text{m}\ \ 80\,\text{cm} \\
+\ 2\,\text{m}\ \ 90\,\text{cm} \\
\hline
6\,\text{m}\ \ 70\,\text{cm}
\end{array}
$$

· 받아내림이 있는 길이의 차

예
$$
\begin{array}{r}
5\ \ \ \ 100\ \ \ \ \\
\not{6}\,\text{m}\ \ 10\,\text{cm} \\
-\ 1\,\text{m}\ \ 80\,\text{cm} \\
\hline
4\,\text{m}\ \ 30\,\text{cm}
\end{array}
$$

**활용 개념 ❷**

**실제 길이에 가깝게 어림한 것 찾기**
어림한 길이와 실제 길이의 차가 작을
수록 실제 길이에 더 가깝게 어림한 것
입니다.

예 실제 길이가 **2 m**인 고무줄을 어
림한 길이가 다음과 같을 때 실제
길이에 더 가깝게 어림한 것 찾기

| ㉠ | 약 1 m 95 cm |
|---|---|
| ㉡ | 약 2 m 10 cm |

어림한 길이와 실제 길이의 차
㉠: 2 m−1 m 95 cm=5 cm
㉡: 2 m 10 cm−2 m=10 cm
⇨ 5 cm<10 cm이므로 실제
　 길이에 더 가깝게 어림한 것은
　 ㉠입니다.

**활용 개념 ❶**

**1** 두 길이의 합과 차는 각각 몇 m 몇 cm 일까요?

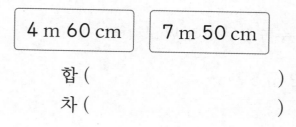

| 4 m 60 cm | 7 m 50 cm |

합 (               )

차 (               )

**2** 운동장에 있는 축구 골대의 길이를 재려 고 합니다. 가장 적은 횟수로 잴 수 있는 몸의 일부를 찾아 기호를 써 보세요.

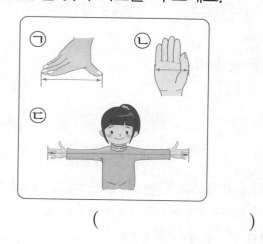

(               )

**3** 학교에서 문방구를 거쳐 서율이네 집까 지 가는 거리는 몇 m 몇 cm일까요?

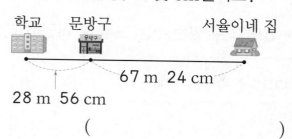

(               )

**활용 개념 ❷**

**4** 혜지와 은우는 피아노의 높이를 다음과 같이 어림하였습니다. 실제로 잰 피아노 의 높이가 1 m 85 cm라면 실제 길이에 더 가깝게 어림한 학생은 누구일까요?

| 혜지 | 은우 |
|---|---|
| 약 2 m | 약 1 m 75 cm |

(               )

**5** 준혁이의 두 걸음은 약 1 m이고 교실에 있는 사물함의 길이를 재었더니 4걸음이 었습니다. 사물함의 길이는 약 몇 m일까 요?

약 (               )

**6** 몸길이가 악어는 580 cm이고 사자는 2 m 25 cm입니다. 악어의 몸길이는 사 자의 몸길이보다 몇 cm 더 길까요?

(               )

**3** 단원

### 유형 ❶ ☐가 있는 수의 크기를 비교하는 문제

0부터 9까지의 수 중에서 ■에 들어갈 수 있는 수를 모두 찾아 써 보세요.

$$3■4 \text{ cm} > 3 \text{ m } 59 \text{ cm}$$

**문제해결 Key**

· 1 m=100 cm
· 세 자리 수는 백의 자리부터 순서대로 크기를 비교합니다.

❶ 3 m 59 cm를 몇 cm로 나타내기
❷ ■에 들어갈 수 있는 수의 범위 알아보기
❸ ■에 들어갈 수 있는 수 모두 구하기

| 풀이 |

❶ 1 m=100 cm이므로 3 m 59 cm=☐☐☐ cm입니다.

❷ 3■4>☐☐☐ 에서 백의 자리 수는 같고, 일의 자리 수는

4<☐ 입니다.

⇨ ■에 들어갈 수 있는 수는 ☐ 보다 큽니다.

❸ ■에 들어갈 수 있는 수는 ☐☐☐☐ 입니다.

**답** _____

**1-1** 0부터 9까지의 수 중에서 ☐ 안에 들어갈 수 있는 수를 모두 찾아 써 보세요.

$$4☐8 \text{ cm} < 4 \text{ m } 37 \text{ cm}$$

( )

**1-2** 0부터 9까지의 수 중에서 ☐ 안에 들어갈 수 있는 수는 모두 몇 개일까요?

$$8 \text{ m } 48 \text{ cm} > 8☐5 \text{ cm}$$

( )

## 유형 ❷ 도형에서 변의 길이의 합 또는 차를 구하는 문제

삼각형에서 가장 긴 변과 가장 짧은 변의 길이의 차는 몇 m 몇 cm일까요?

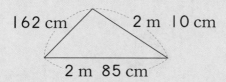

162 cm    2 m 10 cm
2 m 85 cm

**문제해결 Key**

· ●m ▲■cm=●▲■cm
· ●▲■cm=● m ▲■cm

❶ 162 cm를 몇 m 몇 cm로 나타내기
❷ 가장 긴 변과 가장 짧은 변의 길이 찾기
❸ 길이의 차 구하기

**|풀이|**

❶ 100 cm=1 m이므로 162 cm= ☐ m ☐ cm입니다.

❷ 가장 긴 변: 2 m ☐ cm

　가장 짧은 변: ☐ m ☐ cm

❸ (가장 긴 변)−(가장 짧은 변)

　=2 m ☐ cm− ☐ m ☐ cm

　= ☐ m ☐ cm

**답** _____

**3단원**

---

**2-1** 　삼각형에서 가장 긴 변과 가장 짧은 변의 길이의 합은 몇 m 몇 cm일까요?

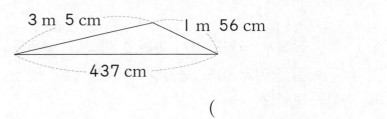

3 m 5 cm    1 m 56 cm
437 cm

(　　　　　　　　　)

---

**2-2** 　사각형에서 가장 긴 변과 가장 짧은 변의 길이의 차는 몇 m 몇 cm일까요?

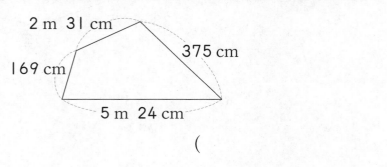

2 m 31 cm
169 cm    375 cm
5 m 24 cm

(　　　　　　　　　)

학교에서 공원을 거쳐 소방서까지 가는 거리는 학교에서 소방서로 바로 가는 거리보다 몇 m 몇 cm 더 멀까요?

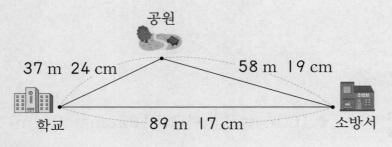

공원

37 m 24 cm       58 m 19 cm

학교       89 m 17 cm       소방서

**문제해결 Key**

(학교에서 공원을 거쳐 소방서까지 가는 거리)
=(학교에서 공원까지의 거리)
  +(공원에서 소방서까지의 거리)

❶ 학교에서 공원을 거쳐 소방서까지 가는 거리 구하기
❷ 거리의 차 구하기

| 풀이 |

❶ (학교~공원~소방서)
  =(학교~공원)+(공원~소방서)

  =37 m 24 cm+58 m 19 cm=□ m □ cm

❷ 학교에서 공원을 거쳐 소방서까지 가는 거리는 학교에서 소방서로 바로 가는 거리보다

□ m □ cm−89 m 17 cm

=□ m □ cm 더 멉니다.

답 _____

**3-1** 집에서 우체국까지 가려고 합니다. 병원을 거쳐 가는 길과 서점을 거쳐 가는 길 중에서 어느 곳을 거쳐 가는 길이 몇 m 몇 cm 더 가까운지 차례대로 써 보세요.

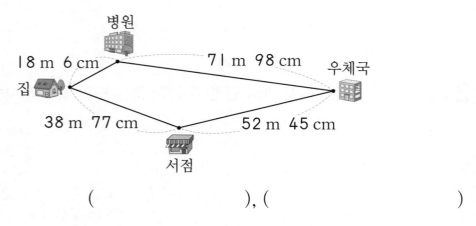

병원

18 m 6 cm       71 m 98 cm       우체국

집

38 m 77 cm       52 m 45 cm

서점

(         ), (         )

## 유형 ④ 겹치게 이어 붙인 색 테이프의 전체 길이를 구하는 문제

길이가 Ｉ m Ｉ8 cm인 색 테이프 3장을 그림과 같이 25 cm씩 겹치게 이어 붙였습니다.
이어 붙인 색 테이프의 전체 길이는 몇 m 몇 cm일까요?

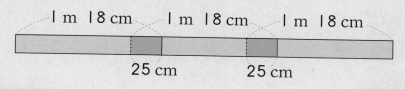

### 문제해결 Key

색 테이프 ■장을 겹치게 이어 붙이면 (■−1)군데가 겹칩니다.

❶ 색 테이프 3장의 길이의 합 구하기
❷ 겹친 부분의 길이의 합 구하기
❸ 이어 붙인 색 테이프의 전체 길이 구하기

| 풀이 |

❶ (색 테이프 3장의 길이의 합)

= Ｉ m Ｉ8 cm + Ｉ m Ｉ8 cm + ☐ m ☐ cm

= ☐ m ☐ cm

❷ 색 테이프 3장은 2군데가 겹쳐지므로

(겹친 부분의 길이의 합) = 25 cm + ☐ cm = ☐ cm

❸ (이어 붙인 색 테이프의 전체 길이)

= 3 m ☐ cm − ☐ cm = ☐ m ☐ cm

답 _____

---

**4-1** 길이가 2 m 44 cm인 색 테이프 3장을 그림과 같이 35 cm씩 겹치게 이어 붙였습니다. 이어 붙인 색 테이프의 전체 길이는 몇 m 몇 cm일까요?

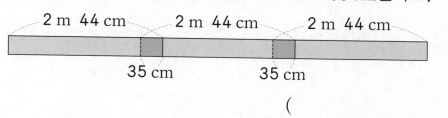

(           )

---

**4-2** 길이가 3 m 29 cm인 색 테이프 4장을 그림과 같이 37 cm씩 겹치게 이어 붙였습니다. 이어 붙인 색 테이프의 전체 길이는 몇 m 몇 cm일까요?

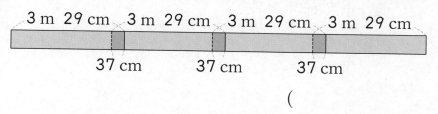

(           )

## 유형 ❺ 상자를 묶고 남은 리본의 길이를 구하는 문제

길이가 4 m 50 cm인 리본으로 오른쪽과 같이 상자를 묶었습니다. 매듭의 길이가 50 cm라면 상자를 묶고 남은 리본은 몇 m 몇 cm일까요?

**문제해결 Key**

(상자를 묶은 리본의 길이)
=(35 cm 2개, 45 cm 2개, 20 cm 4개의 길이의 합)
+(매듭의 길이)

❶ 상자를 묶은 리본의 길이 구하기

❷ 상자를 묶고 남은 리본의 길이 구하기

|풀이|

❶ (상자를 묶은 리본의 길이)
= (상자만 묶은 리본의 길이)+(매듭의 길이)
= 35 cm+35 cm+45 cm+45 cm+20 cm
　+20 cm+20 cm+20 cm+50 cm
= ☐ cm = ☐ m ☐ cm

❷ (상자를 묶고 남은 리본의 길이)

= 4 m 50 cm − ☐ m ☐ cm = ☐ m ☐ cm

답 _____


**5-1** 길이가 5 m 10 cm인 리본으로 오른쪽과 같이 상자를 묶었습니다. 매듭의 길이가 45 cm라면 상자를 묶고 남은 리본은 몇 m 몇 cm일까요?

( 　　　　　 )

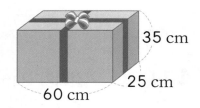


**5-2** 길이가 3 m인 끈으로 오른쪽과 같이 상자를 묶으려고 합니다. 끈을 모두 사용하려면 매듭의 길이는 몇 cm로 해야 할까요?

( 　　　　　 )

## 창의·융합 | 유형 ⑥ 몸의 일부를 이용하여 길이를 어림하는 문제

벽에 붙어 있는 세계 지도의 길이를 은우의 뼘으로 재어 보려고 합니다. 은우의 한 뼘은 약 15 cm이고 세계 지도의 긴 쪽의 길이는 10뼘, 짧은 쪽의 길이는 6뼘이었습니다. 세계 지도의 긴 쪽과 짧은 쪽의 길이는 각각 약 몇 cm일까요?

**문제해결 Key**

●뼘의 길이는 한 뼘의 길이를 ●번 더한 것과 같습니다.

❶ 긴 쪽의 길이 어림하기
❷ 짧은 쪽의 길이 어림하기

| 풀이 |

❶ 지도의 긴 쪽의 길이는 15 cm를 ☐ 번 더한 것과 같습니다.

15 cm+⋯+15 cm= ☐ cm ⇨ 약 ☐ cm
（10번）

❷ 지도의 짧은 쪽의 길이는 15 cm를 ☐ 번 더한 것과 같습니다.

15 cm+⋯+15 cm= ☐ cm ⇨ 약 ☐ cm
（6번）

답　긴 쪽의 길이: 약 ＿＿＿＿＿＿

짧은 쪽의 길이: 약 ＿＿＿＿＿＿

**6-1**

서율이의 한 걸음은 약 50 cm입니다. 배구장의 길이를 서율이의 걸음으로 재었더니 긴 쪽의 길이는 36걸음, 짧은 쪽의 길이는 18걸음이었습니다. 배구장의 긴 쪽과 짧은 쪽의 길이는 각각 약 몇 m일까요?

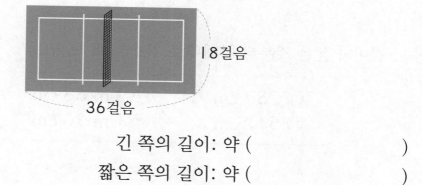

18걸음

36걸음

긴 쪽의 길이: 약 (　　　　　　　)

짧은 쪽의 길이: 약 (　　　　　　　)

**1** 준혁이의 키에 대해 학생들이 말하고 있습니다. 틀리게 말한 학생은 누구일까요?

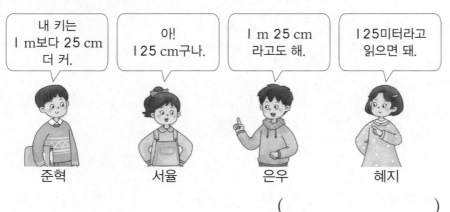

내 키는
1 m보다 25 cm
더 커.
준혁

아!
125 cm구나.
서율

1 m 25 cm
라고도 해.
은우

125미터라고
읽으면 돼.
혜지

(             )

**2** 건물의 높이가 약 20 m일 때 나무의 높이는 약 몇 m일까요?

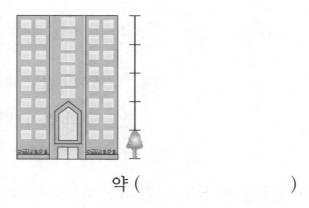

약 (             )

**3** 길이가 짧은 것부터 차례대로 기호를 써 보세요.

| | |
|---|---|
| ㉠ 237 cm | ㉡ 3 m 63 cm |
| ㉢ 512 cm | ㉣ 1 m 90 cm |

(             )

문제 풀이 동영상

**4** 0부터 9까지의 수 중에서 □ 안에 들어갈 수 있는 수는 모두 몇 개일까요?

$$4 \text{ m } 53 \text{ cm} < 4\ \square\ 2 \text{ cm}$$

( )

🎧유형❶

**5** 공원에 있는 느티나무의 높이는 9 m 30 cm, 소나무의 높이는 7 m 40 cm, 밤나무의 높이는 829 cm입니다. 가장 높은 나무와 가장 낮은 나무의 높이의 차는 몇 m 몇 cm일까요?

( )

🎧유형❷

**3** 단원

|성대 경시 유형|

**6** *증기기관차는 그림과 같이 기관차 부분과 객차 부분으로 이루어져 있습니다. 다음 증기기관차 모형의 전체 길이는 몇 cm일까요?

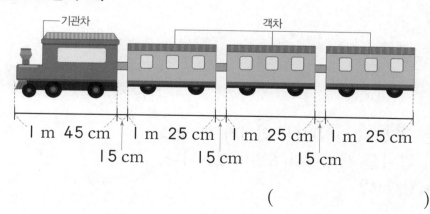

▲ 증기기관차

*증기기관차: 증기의 힘으로 달리는 기관차로 우리나라에서는 1899년에 처음 운행하였습니다.

( )

**7** 개미가 빨간 선을 따라 먹이를 구하러 갔다 오려고 합니다. ㉠에서 ㉡까지 갔다 다시 ㉠으로 오려면 모두 몇 m 몇 cm 를 움직여야 할까요?

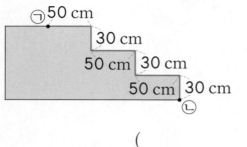

(                  )

창의·융합 수학+통합

**8** *일주문에서 정상까지 가려고 합니다. 탑을 거쳐 가는 길과 **장승을 거쳐 가는 길 중에서 어느 곳을 거쳐 가는 길이 몇 m 몇 cm 더 가까운지 차례대로 써 보세요.

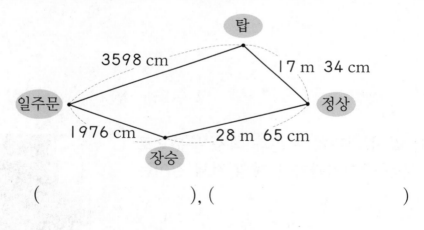

(          ), (            )

▲ 일주문

*일주문: 절에 들어서는 산의 문 중 첫 번째 문을 말하며 기둥이 한 줄로 되어 있는 데서 생긴 말 입니다.

**장승: 마을이나 절 입구에 세워 놓은 것으로 밖에서 들어오는 불행한 일을 막고 마을의 안과 밖을 구분해 주는 역할을 합니다.

🎧유형❸

**9** 민서의 한 팔의 길이는 약 50 cm입니다. 민서가 한 팔로 운동장에 있는 시소의 길이를 재었더니 6번이었습니다. 시소의 길이는 약 몇 m일까요?

약 (                )

🎧유형❻

**10** 길이가 각각 245 cm, 3 m 65 cm 인 리본 2개를 15 cm가 겹치도록 이어 붙인 다음 오른쪽과 같이 상자 를 묶으려고 합니다. 매듭의 길이가 60 cm라면 상자를 묶고 남은 리본 은 몇 m 몇 cm일까요?

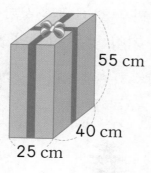

55 cm
40 cm
25 cm

(        )

Ω 유형 **5**

**11** 길이가 12 cm인 색 테이프 10장을 그림과 같이 2 cm씩 겹치게 이어 붙였습니다. 이어 붙인 색 테이프의 전체 길 이는 몇 m 몇 cm일까요?

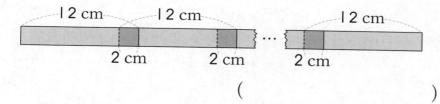

12 cm    12 cm      12 cm
2 cm    2 cm    2 cm

(        )

Ω 유형 **4**

**3**
단원

**12** 길이가 20 m인 철사를 두 도막으로 잘라 그림과 같이 서 로 대어 보았더니 한쪽이 다른 한쪽보다 4 m 더 길었습니 다. 잘린 두 철사의 길이는 각각 몇 m일까요?

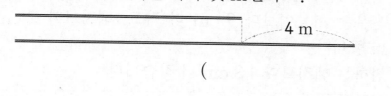

4 m

(        )

수학+통합

**1**

┌ 돌을 이용하여 쌓은 탑

우리나라 문화재에는 석탑이 많이 있습니다. 다음 석탑 중 가장 높은 석탑과 가장 낮은 석탑의 높이의 차는 몇 cm일까요?

*국보: 나라에서 지정하여 법률로 보호하는 문화재
**보물: 대대로 물려오는 귀중한 가치가 있는 문화재

| 정림사지 5층석탑 | 무량사 5층석탑 | 천흥사지 5층석탑 |
|---|---|---|
| →*국보 제9호 | →**보물 제185호 | →보물 제354호 |
| 8 m 33 cm | 750 cm | 5 m 27 cm |

(          )

┃해법 경시 유형┃

**2**

3명이 각자 어림하여 1 m 35 cm가 되도록 끈을 잘랐습니다. 자른 끈의 길이가 1 m 35 cm에 가장 가까운 학생은 누구일까요?

| 주연 | 연석 | 한솔 |
|---|---|---|
| 1 m 23 cm | 145 cm | 153 cm |

(          )

┃성대 경시 유형┃

**3**

다음을 읽고 키가 가장 작은 학생의 키는 몇 cm인지 구하세요.

- 서율이는 1 m 28 cm보다 6 cm 더 큽니다.
- 은우는 서율이보다 9 cm 더 작고, 혜지보다 2 cm 더 큽니다.
- 민하는 혜지보다 13 cm 더 작습니다.

(          )

**4** 길이가 70 cm인 색 테이프 4장을 그림과 같이 겹치도록 한 줄로 길게 이어 붙였더니 2 m 32 cm가 되었습니다. 겹친 부분의 길이가 모두 같다고 할 때, 몇 cm씩 겹친 것일까요?

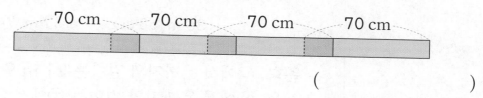

(                              )

┃성대 경시 유형┃

**5** 어떤 고무줄을 가장 많이 늘이면 처음 길이의 반만큼 더 늘어납니다. 이 고무줄을 가장 많이 늘였을 때의 전체 길이가 9 m라고 할 때, 고무줄의 처음 길이는 몇 cm일까요?

(                              )

**6** 그림은 짧은 변의 길이가 30 cm, 긴 변의 길이가 1 m인 사각형 2개를 겹치지 않도록 이어 붙여서 만든 도형입니다. 빨간 선의 길이의 합은 몇 cm일까요?

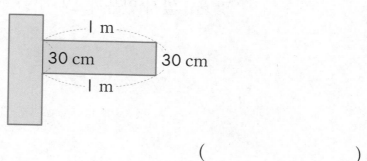

(                              )

**7** 그림을 보고 <u>틀리게</u> 설명한 학생은 누구인지 써 보세요.

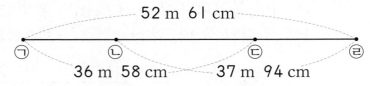

- 준혁: ㉡에서 ㉢까지의 길이는 21 m 91 cm입니다.
- 서율: ㉡에서 ㉢까지의 길이는 ㉠에서 ㉡까지의 길이보다 7 m 34 cm 더 깁니다.
- 은빈: ㉢에서 ㉣까지의 길이는 ㉡에서 ㉢까지의 길이보다 5 m 88 cm 더 짧습니다.

(          )

**8** 체육 시간에 달리기를 했습니다. 주현이는 성진이보다 4 m 58 cm 앞서 있고, 성진이는 영호보다 11 m 27 cm 앞서 있습니다. 또 영호는 은미보다 13 m 49 cm 뒤쳐져 있습니다. 주현이는 은미보다 몇 cm 앞서 있을까요?

(          )

**9** 은우와 동생은 길이가 370 cm인 신발장을 걸음으로 재었습니다. 은우는 신발장의 왼쪽부터 5걸음을 재고 동생은 신발장의 오른쪽부터 3걸음을 재었더니 은우와 동생의 앞쪽 발끝이 만났습니다. 은우의 한 걸음이 50 cm라면 동생의 한 걸음은 몇 cm일까요?

(                      )

**3** 단원

|해법 경시 유형|

**10** 길이가 2 m 50 cm인 색 테이프를 다음과 같이 네 도막으로 잘랐습니다. 자른 네 도막의 길이는 각각 몇 cm일까요?

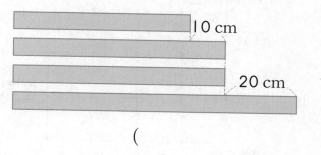

(                      )

# 가장 짧은 거리 구하기

보기를 보고 가장 짧은 거리를 구하세요.

보기

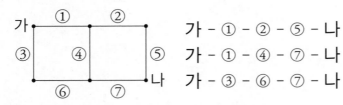

- 가에서 나까지 가는 가장 짧은 거리

가 – ① – ② – ⑤ – 나
가 – ① – ④ – ⑦ – 나
가 – ③ – ⑥ – ⑦ – 나

⇨ 가에서 나까지 가는 방법에는 3가지가 있고 그 거리는 모두 같습니다.

각 점과 점 사이의 거리가 모두 똑같고 돌아가지 않는다면 가에서 나로 가는 가장 짧은 거리는 모두 같아요.

≫ 서율이와 은우가 도서관에서 만나기로 하였습니다. 물음에 답하세요.

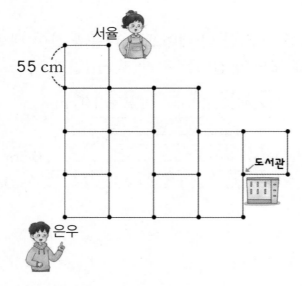

55 cm

서율

도서관

은우

각 점과 점 사이의 거리는 모두 똑같고 되돌아가지 않아요.

① 서율이와 은우가 지금 위치에서 도서관까지 가는 가장 짧은 거리를 선으로 각각 이어 보세요.

② 서율이와 은우가 움직인 가장 짧은 거리는 각각 몇 m 몇 cm일까요?

서율 (                    ), 은우 (                    )

≫ 혜지는 A, B, C 수영장 중에서 집에서 가장 가까운 수영장을 다니려고 합니다.
물음에 답하세요.

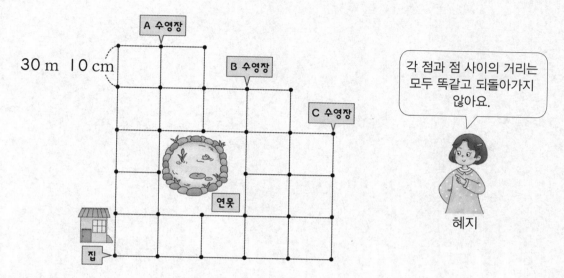

3 혜지네 집에서 A, B, C 수영장까지의 가장 짧은 거리는 각각 몇 m 몇
cm일까요?

A (                          )

B (                          )

C (                          )

4 혜지가 다니려고 하는 수영장은 어디일까요?

(                          )

# 4

## 시각과 시간

# 꼭 알아야 할 대표 유형

## 1 몇 시 몇 분

- 몇 시 몇 분 알아보기 (1)—5분 단위
  시계의 긴바늘이 가리키는 숫자가
  1이면 5분, 2이면 10분, 3이면
  15분, ...을 나타냅니다.

→4시 10분

- 몇 시 몇 분 알아보기 (2)—1분 단위
  1분: 시계에서 긴바늘이 가리키는 작은 눈금 한 칸

(1) 시계의 짧은바늘은 9와 10 사이를 가리키므로 9시입니다.
(2) 시계의 긴바늘은 1에서 작은 눈금 3칸 더 간 곳을 가리키므로 8분입니다.
⇨ 9시 8분

## 2 여러 가지 방법으로 시각 읽기

- 몇 시 몇 분 전

(1) 3시 55분은 4시가 되기 5분 전의 시각과 같습니다.
(2) 3시 55분을 4시 5분 전이라고도 합니다.

- 시각을 모형 시계에 나타내기

| 10시 3분 전 |
→9시 57분

(1) 모형 시계의 짧은바늘은 9와 10 사이에서 10에 더 가까운 곳을 가리키게 그립니다.
(2) 모형 시계의 긴바늘은 11에서 작은 눈금 2칸 더 간 곳을 가리키게 그립니다.

---

**참고**

시계의 긴바늘이 가리키는 숫자와 분의 관계

| 숫자 | 1 | 2 | 3 | 4 | 5 | 6 |
|---|---|---|---|---|---|---|
| 분 | 5 | 10 | 15 | 20 | 25 | 30 |
| 숫자 | 7 | 8 | 9 | 10 | 11 | |
| 분 | 35 | 40 | 45 | 50 | 55 | |

**미리보기 3-1**

- 1초: 초바늘이 작은 눈금 한 칸을 가는 동안 걸리는 시간

| 4시 13분 45초 |

**활용 개념**

**아침에 한 일을 순서대로 알아보기**

⟨숙제하기⟩ ⟨독서하기⟩ ⟨축구하기⟩

숙제하기: 9시 25분
독서하기: 11시 47분
축구하기: 10시 5분
⇨ 한 일을 순서대로 쓰면 숙제하기, 축구하기, 독서하기입니다.

**1** 시각을 두 가지 방법으로 읽어 보세요.

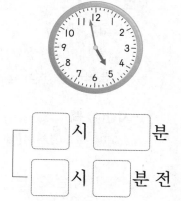

☐ 시 ☐ 분

☐ 시 ☐ 분 전

**2** 같은 시각을 나타내는 것끼리 선으로 이어 보세요.

**3** 시계에 시각을 나타내 보세요.

3시 13분 전

**4** 시계의 짧은바늘은 6과 7 사이를 가리키고, 긴바늘은 9를 가리키고 있습니다. 시계가 나타내는 시각은 몇 시 몇 분일까요?

(          )

**5** 준혁이와 혜지는 오른쪽 시계가 나타내는 시각에 만나기로 약속했습니다. 약속을 지키지 못한 사람은 누구일까요?

나는 3시 15분 전에 도착했어!

난 3시 5분에 도착했어.

준혁      혜지

(          )

**활용 개념**

**6** 은우가 저녁에 한 일을 순서대로 써 보세요.

〈그림 그리기〉 〈줄넘기하기〉 〈영화 보기〉

(          )

**4** 단원

## 1  1시간

- 60분: 시계의 긴바늘이 한 바퀴 도는 데 걸린 시간
- 60분은 1시간입니다.

> 60분＝1시간

**참고**

- **시각(時 刻)** 때 시 새길 각
  : 때를 나타내는 한 시점
  예 은우는 7시 50분에 일어났습니다.
- **시간(時 間)** 때 시 사이 간
  : 어떤 시각에서 어떤 시각까지의 사이
  예 서율이는 2시간 10분 동안 책을 읽었습니다.

## 2  걸린 시간

- 9시에서 10시 20분까지의 시간 구하기

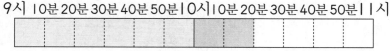

⇨ 걸린 시간은 1시간 20분＝80분입니다.

**미리보기 3-1**

- 시간의 합

  $$\begin{array}{r} 7시간\ 20분 \\ +\qquad 35분 \\ \hline 7시간\ 55분 \end{array}$$

- 시간의 차

  $$\begin{array}{r} 8시간\ 45분 \\ -\qquad 15분 \\ \hline 8시간\ 30분 \end{array}$$

## 3  하루의 시간

- 오전: 전날 밤 12시부터 낮 12시까지
- 오후: 낮 12시부터 밤 12시까지
- 하루는 24시간입니다.

> 1일＝24시간

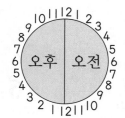

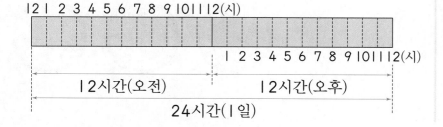

**활용 개념**

- **시간과 분 사이의 관계**
  예 2시간 15분
  ＝2시간＋15분
  ＝120분＋15분
  ＝135분
- **하루와 시간 사이의 관계**
  예 35시간
  ＝24시간＋11시간
  ＝1일＋11시간
  ＝1일 11시간

**활용 개념**

**1** □ 안에 알맞은 수를 써넣으세요.

(1) 1시간 25분=☐분

(2) 30시간=☐일☐시간

**2** 다음은 지석이네 가족이 집에서 출발한 시각과 공원에 도착한 시각입니다. 집에서 출발하여 공원까지 가는 데 걸린 시간은 몇 분일까요?

〈출발한 시각〉　　〈도착한 시각〉

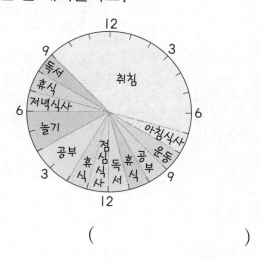

( 　　　　　 )

**3** 빈우의 토요일 생활 계획표입니다. 빈우는 토요일 오후에 몇 시간 동안 공부와 독서를 할 계획일까요?

( 　　　　　 )

**4** 숙제를 1시간 40분 동안 했습니다. 숙제를 시작한 시각을 보고 끝난 시각을 시계에 나타내 보세요.

〈시작한 시각〉　　　　〈끝난 시각〉

**5** 서율이의 언니는 고등학생입니다. 언니는 어제 오전 7시에 집을 나가서 오후 10시에 집에 들어왔습니다. 서율이의 언니는 어제 몇 시간 동안 집 밖에 있었던 것일까요?

( 　　　　　 )

**6** 은우와 준혁이가 집에서 출발한 시각과 학교에 도착한 시각을 나타낸 것입니다. 집에서 학교까지 가는 데 누가 더 오래 걸렸을까요?

| | 은우 | 준혁 |
|---|---|---|
| 집에서 출발한 시각 | 8시 5분 | 7시 45분 |
| 학교에 도착한 시각 | 8시 25분 | 8시 10분 |

( 　　　　　 )

4
단원

## 1 날짜와 요일

- 1주일은 7일입니다.
  └→같은 요일이 돌아오는 데 걸리는 기간

  1주일=7일

- 달력 알아보기

### 11월

| 일 | 월 | 화 | 수 | 목 | 금 | 토 |
|---|---|---|---|---|---|---|
|  |  |  | 1 | 2 | 3 | 4 |
| 5 | 6 | 7 | 8 | 9 | 10 | 11 |
| 12 | 13 | 14 | 15 | 16 | 17 | 18 |
| 19 | 20 | 21 | 22 | 23 | 24 | 25 |
| 26 | 27 | 28 | 29 | 30 |  |  |

+7
+7
+7

① 11월은 모두 30일입니다.
② 1주일은 일요일, 월요일, 화요일, 수요일, 목요일, 금요일, 토요일의 순서로 되어 있습니다.
③ 11월의 마지막 날은 목요일입니다.
④ 같은 요일은 7일마다 반복됩니다.
⑤ 수요일은 1일, 8일, 15일, 22일, 29일로 5번 있습니다.

## 2 1년

- 1년은 1월부터 12월까지 12개월입니다.

  1년=12개월

- 각 달의 날수

| 월 | 1 | 2 | 3 | 4 | 5 | 6 | 7 | 8 | 9 | 10 | 11 | 12 |
|---|---|---|---|---|---|---|---|---|---|---|---|---|
| 날수 (일) | 31 | 28 (29) | 31 | 30 | 31 | 30 | 31 | 31 | 30 | 31 | 30 | 31 |

└→4년에 한 번씩 29일이 됩니다.

⇨ 날수가 가장 적은 달은 2월입니다.

달력에서 며칠 전과 며칠 후의 요일 구하기

### 5월

| 일 | 월 | 화 | 수 | 목 | 금 | 토 |
|---|---|---|---|---|---|---|
|  | 1 | 2 | 3 | 4 | 5 | 6 |
| 7 | 8 | 9 | 10 | 11 | 12 | 13 |
| 14 | 15 | 16 | 17 | 18 | 19 | 20 |
| 21 | 22 | 23 | 24 | 25 | 26 | 27 |
| 28 | 29 | 30 | 31 |  |  |  |

⑴ 13일에서 4일 전의 요일 구하기
  13일에서 거꾸로 4칸을 세면 9일이므로 화요일입니다.
⑵ 13일에서 6일 후의 요일 구하기
  13일에서 6칸을 세면 19일이므로 금요일입니다.

참고

**각 달의 날수 기억하기**

주먹을 쥐었을 때 둘째 손가락부터 시작하여 위로 솟은 것은 31일, 안으로 들어간 것은 30일로 셉니다. (단, 2월은 28일 또는 29일입니다.)

**1** 30일까지 있는 달이 <u>아닌</u> 것은 어느 것 일까요? ……………………… (　　　)

① 9월　　② 11월　　③ 4월
④ 7월　　⑤ 6월

**2** 어느 해 8월 달력입니다. 16일은 무슨 요일일까요?

| | | | 8월 | | | |
|---|---|---|---|---|---|---|
| 일 | 월 | 화 | 수 | 목 | 금 | 토 |
| | | 1 | 2 | 3 | 4 | 5 |
| 6 | 7 | 8 | 9 | 10 | 11 | 12 |
| 13 | 14 | 15 | 16 | 17 | 18 | 19 |
| 20 | 21 | 22 | 23 | 24 | 25 | 26 |
| 27 | 28 | 29 | 30 | 31 | | |

(　　　　　　　)

활용 개념

**3** 혜지의 생일은 2월 14일이고 은우의 생 일은 혜지보다 6일 빠릅니다. 은우의 생일 은 무슨 요일일까요?

| | | | 2월 | | | |
|---|---|---|---|---|---|---|
| 일 | 월 | 화 | 수 | 목 | 금 | 토 |
| | | | | | 1 | 2 |
| 3 | 4 | 5 | 6 | 7 | 8 | 9 |
| 10 | 11 | 12 | 13 | 14 | 15 | 16 |
| 17 | 18 | 19 | 20 | 21 | 22 | 23 |
| 24 | 25 | 26 | 27 | 28 | | |

(　　　　　　　)

**4** 어느 해 3월 달력의 일부입니다. 이달에 는 목요일이 모두 몇 번 있을까요?

| | | | 3월 | | | |
|---|---|---|---|---|---|---|
| 일 | 월 | 화 | 수 | 목 | 금 | 토 |
| | | | | 1 | 2 | 3 | 4 |
| 5 | 6 | 7 | | | | |

(　　　　　　　)

**5** 서우는 피아노를 배운 지 27개월이 되 었습니다. 서우가 피아노를 배운 지 몇 년 몇 개월이 되었을까요?

(　　　　　　　)

**6** 어느 해 10월 달력의 일부입니다. 이달 의 셋째 금요일은 며칠일까요?

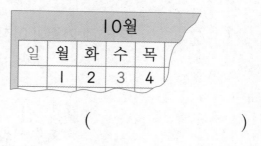

| | | 10월 | | |
|---|---|---|---|---|
| 일 | 월 | 화 | 수 | 목 |
| | 1 | 2 | 3 | 4 |

(　　　　　　　)

### 유형 ① 시각을 비교하는 문제

오늘 오전에 지우, 선영, 민서가 각자 학교에 도착한 시각입니다. 학교에 가장 먼저 도착한 학생은 누구일까요?

지우

선영

민서

**문제해결 Key**

'시'를 나타내는 숫자가 작을수록 이른(빠른) 시각이고, '시' 가 같으면 '분'을 나타내는 숫자가 작을수록 이른(빠른) 시각입니다.

❶ 학생들이 학교에 도착한 시각 구하기

❷ 가장 먼저 도착한 학생 찾기

| 풀이 |

❶ 지우: 8시 25분, 선영: ☐시 55분, 민서: 8시 ☐분

❷ 학교에 가장 먼저 도착한 학생은 ☐ 입니다.

답 _____

**1-1** 오늘 오후에 준우, 민혁, 영호가 각자 학교에서 나온 시각입니다. 학교에서 가장 먼저 나온 학생은 누구일까요?

준우

민혁

영호

( )

**1-2** 지후네 가족이 아침에 일어난 시각입니다. 가장 늦게 일어난 사람은 누구일까요?

할아버지

아버지

어머니

지후

( )

## 유형 **2** 거울에 비친 시계의 시각을 구하는 문제

다음은 거울에 비친 시계입니다. 시계가 나타내는 시각은 몇 시 몇 분일까요?

**문제해결 Key**

짧은바늘은 어떤 숫자와 어떤 숫자 사이를 가리키고, 긴바늘은 어떤 숫자를 가리키는지 알아봅니다.

❶ 몇 시인지 구하기
❷ 몇 분인지 구하기
❸ 시계가 나타내는 시각 구하기

| 풀이 |

❶ 짧은바늘은 8과 9 사이를 가리키므로 ☐ 시입니다.

❷ 긴바늘은 5를 가리키므로 ☐ 분입니다.

❸ 시계가 나타내는 시각은 ☐ 시 ☐ 분입니다.

답 _____

**2-1** 다음은 거울에 비친 시계입니다. 시계가 나타내는 시각은 몇 시 몇 분일까요?

(        )

**2-2** 다음은 거울에 비친 시계입니다. 시계가 나타내는 시각은 몇 시 몇 분 전일까요?

(        )

**4** 단원

지금 시각은 오전 8시 40분입니다. 지금 시각에서 시계의 긴바늘이 2바퀴 돌았을 때의 시각은 언제일까요?

**문제해결 Key**

긴바늘이 1바퀴 돌면
60분=1시간이 지난 것입니다.

❶ 시계의 긴바늘이 2바퀴
돌면 몇 시간이 지난 것인
지 알아보기

❷ 시계의 긴바늘이 2바퀴
돌았을 때의 시각 구하기

| 풀이 |

❶ 시계의 긴바늘이 한 바퀴 돌면 60분=☐시간이 지난

것이므로 긴바늘이 2바퀴 돌면 ☐시간이 지난 것입니다.

❷ 오전 8시 40분에서 시계의 긴바늘이 2바퀴 돌았을 때의

시각은 ☐시간이 지난 오전 ☐시 ☐분입니다.

❓ ( 오전 , 오후 ) _____ 시 _____ 분

**3-1** 지금 시각은 오전 10시 25분입니다. 지금 시각에서 시계의 긴바늘이 4바퀴 돌았을 때의 시각은 언제일까요?

( 오전 , 오후 ) (                )

**3-2** 지금 시각은 오전 7시 17분입니다. 지금 시각에서 시계의 짧은바늘이 한 바퀴 돌았을 때의 시각은 언제일까요?

( 오전 , 오후 ) (                )

## 유형 4 달력에서 날짜 또는 요일을 구하는 문제

어느 해 10월 달력의 일부입니다. 이달의 마지막 날은 무슨 요일일까요?

**10월**

| 일 | 월 | 화 | 수 | 목 | 금 | 토 |
|---|---|---|---|---|---|---|
|  |  | 1 | 2 | 3 | 4 | 5 |
| 6 | 7 | 8 | 9 | 10 | 11 | 12 |
|  | 14 | 15 | 16 | 17 | 18 |  |

**문제해결 Key**

마지막 날과 요일이 같은 날의 날짜를 찾습니다.

❶ 10월의 날수 구하기
❷ 마지막 날에서 1주일 전, 2주일 전 날짜 구하기
❸ 마지막 날의 요일 구하기

| 풀이 |

❶ 10월은 ☐ 일까지 있습니다.

❷ 1주일= ☐ 일마다 같은 요일이 반복되므로

10월의 마지막 날에서 1주일 전은 ☐ 일이고,

2주일 전은 ☐ 일입니다.

❸ 이달의 마지막 날은 ☐ 일과 같은 ☐ 요일입니다.

답 _____

**4** 단원

**4-1** 어느 해 4월 달력의 일부입니다. 이달의 마지막 날은 무슨 요일일까요?

**4월**

| 일 | 월 | 화 | 수 | 목 | 금 | 토 |
|---|---|---|---|---|---|---|
|  |  |  |  |  | 1 | 2 |
|  | 4 | 5 | 6 | 7 | 8 | 9 |

( )

**4-2** 어느 해 8월의 첫째 화요일은 2일입니다. 이달의 셋째 목요일이 희진이의 생일이라면 희진이의 생일은 며칠일까요?

( )

다음은 정희네 가족이 오전에 동물원에 들어간 시각과 오후에 동물원에서 나온 시각입니다.
정희네 가족이 동물원에 있었던 시간은 몇 시간 몇 분일까요?

〈들어간 시각〉    〈나온 시각〉

오전    오후

**문제해결 Key**

■시간＋●분＝■시간 ●분

❶ 동물원에 들어간 시각과 동물원에서 나온 시각을 각각 구하기
❷ 동물원에 있었던 시간 구하기

| 풀이 |

❶ 동물원에 들어간 시각: 오전 [ ] 시

동물원에서 나온 시각: 오후 12시 [ ] 분

❷ 오전 [ ] 시 ⟶ 낮 12시
    [ ] 시간 후

    ⟶ 오후 12시 20분
    [ ] 분 후

⇨ (동물원에 있었던 시간)
＝2시간＋ [ ] 분＝ [ ] 시간 [ ] 분

답 ＿＿＿＿＿＿＿＿＿＿＿＿

**5-1**  다음은 은우네 가족이 오전에 박물관에 들어간 시각과 오후에 박물관에서 나온 시각입니다. 은우네 가족이 박물관에 있었던 시간은 몇 시간 몇 분일까요?

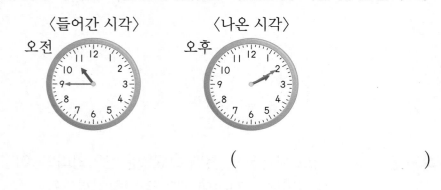

〈들어간 시각〉    〈나온 시각〉

오전    오후

(                    )

## 유형 ⑥ 고장 난 시계가 가리키는 시각을 구하는 문제

Ⅰ시간에 3분씩 빨라지는 시계가 있습니다. 이 시계의 시각을 오늘 오전 8시에 정확하게 맞추었습니다. 오늘 오후 2시에 이 시계가 가리키는 시각은 오후 몇 시 몇 분일까요?

**문제해결 Key**

1시간에 3분씩 빨라지는 시계는 ●시간 후에는 (3×●)분 빨라집니다.

❶ 오전 8시부터 오후 2시까지의 시간 구하기

❷ 오전 8시부터 오후 2시까지 이 시계가 빨라진 시간 구하기

❸ 오후 2시에 이 시계가 가리키는 시각 구하기

**| 풀이 |**

❶ 오전 8시부터 오후 2시까지는 ☐ 시간입니다.

❷ Ⅰ시간에 3분씩 빨라지므로 6시간 후 이 시계는

3 × ☐ = ☐ (분) 빨라져 있습니다.

❸ 2시에서 ☐ 분 후는 2시 ☐ 분이므로 오후 2시에

이 시계가 가리키는 시각은 오후 2시 ☐ 분입니다.

답 _____

**6-1** Ⅰ시간에 2분씩 빨라지는 시계가 있습니다. 이 시계의 시각을 어제 오후 9시에 정확하게 맞추었습니다. 오늘 오전 5시에 이 시계가 가리키는 시각은 오전 몇 시 몇 분일까요?

(             )

**6-2** Ⅰ시간에 5분씩 느려지는 시계가 있습니다. 이 시계의 시각을 오늘 오전 9시 30분에 정확하게 맞추었습니다. 오늘 오후 4시 30분에 이 시계가 가리키는 시각은 오후 몇 시 몇 분일까요?

(             )

**창의·융합** 유형 ⑦ 끝나는 시각을 구하는 문제

영국에서 시작된 스포츠인 축구는 11명으로 구성된 두 팀이 서로 상대방의 골대에 공을 더 많이 넣는 팀이 승리합니다. 축구의 경기 시간은 다음과 같습니다. 어느 날 오전 11시부터 시작한 축구 경기가 끝나는 시각은 오후 몇 시 몇 분일까요? (단, 연장전은 하지 않습니다.)

| 전반전 경기 시간 | 45분 |
|---|---|
| 휴식 시간 | 15분 |
| 후반전 경기 시간 | 45분 |

### 문제해결 Key

(끝나는 시각)
=(시작 시각)
　+(경기 시간과 휴식 시간
　　의 합)

❶ 경기 시간과 휴식 시간의
　합 구하기
❷ 경기가 끝나는 시각 구하기

**| 풀이 |**

❶ 경기 시간과 휴식 시간을 모두 더하면

45분+15분+45분=□ 분

=□ 시간 □ 분

❷ 오전 11시부터 시작한 축구 경기가 끝나는 시각은

1시간 □ 분 후인 오후 □ 시 □ 분입니다.

답 _____

---

**7-1** 농구는 5명으로 구성된 두 팀이 서로 상대방의 골대에 공을 던저 득점을 더 많이 한 팀이 승리합니다. 농구의 경기 시간은 10분씩 4쿼터이고 휴식 시간은 1쿼터와 2쿼터 사이, 3쿼터와 4쿼터 사이가 각 2분, 2쿼터와 3쿼터 사이가 12분으로 이루어져 있습니다. 어느 날 오후 2시 30분부터 시작한 농구 경기가 끝나는 시각은 오후 몇 시 몇 분일까요? (단, 연장전은 하지 않습니다.)

(　　　　　　　　)

**1** 가장 긴 시간을 찾아 기호를 써 보세요.

> ㉠ 3시간　　　㉡ 190분　　　㉢ 2시간 40분

(　　　　　　　　)

**2** 소풍을 가기 위해 준혁이와 혜지가 버스 정류장에 도착한 시각입니다. 버스 정류장에 더 빨리 도착한 사람은 누구일까요?

나는 9시 11분 전에 도착했어.

나는 8시 52분에 도착했어.

준혁　　　　　혜지

ᐁ유형❶

(　　　　　　　　)

**3** 시계의 긴바늘은 2에서 작은 눈금 2칸 더 간 곳을 가리키고, 짧은바늘은 9에 가장 가깝게 있습니다. 이 시계가 나타내는 시각은 몇 시 몇 분일까요?

(　　　　　　　　)

**4** 희라와 은아가 수학 공부를 시작한 시각과 끝낸 시각을 나타낸 것입니다. 수학 공부를 더 오랫동안 한 사람은 누구일까요?

|  | 시작한 시각 | 끝낸 시각 |
|---|---|---|
| 희라 | 오후 4시 20분 | 오후 5시 10분 |
| 은아 | 오후 3시 40분 | 오후 4시 20분 |

( )

**5** 거울에 비친 시계입니다. 시계가 나타내는 시각에서 45분 후는 몇 시 몇 분일까요?

( )

**6** 오늘은 11월 17일입니다. 오늘부터 3주일 전은 몇 월 며칠일까요?

( )

🎧유형❷

**7** 은우는 친구들과 함께 영화를 보러 갔습니다. 영화는 시작한 지 110분 후인 5시 40분에 끝났습니다. 시계에 영화가 시작한 시각과 끝난 시각을 각각 나타내 보세요.

〈시작한 시각〉 〈끝난 시각〉

**8** 준수의 동생은 2021년 3월 1일에 태어났습니다. 준수의 동생이 태어난 지 40개월 후는 몇 년 몇 월일까요?

( )

**│해법 경시 유형│**

**9** 하루에 5분씩 빨라지는 시계가 있습니다. 오늘 오전 10시 45분에 이 시계의 시각을 정확히 맞추었습니다. 1주일 후 오전 10시 45분에 이 시계가 가리키는 시각은 오전 몇 시 몇 분일까요?

( )

Ω 유형 **6**

**10** 인터넷을 통해 은행 업무를 하는 것을 인터넷 뱅킹이라고 합니다. 천재은행의 인터넷 뱅킹은 어제 오후 11시 55분부터 오늘 오전 4시 20분까지 점검 시간이라 이용할 수 없었습니다. 점검 시간은 모두 몇 분이었을까요?

( )

⌒ 유형 ❺

**11** 어린이 뮤지컬 공연 포스터입니다. 어린이 뮤지컬 공연을 하는 기간은 모두 며칠일까요? (단, 중간에 쉬는 날은 없습니다.)

( )

|성대 경시 유형|

**12** 오전 10시 30분부터 오후 2시까지 시계의 긴바늘과 짧은바늘은 모두 몇 번 겹칠까요?

( )

**오답 노트**

**13** 가인이네 학교에서는 40분 동안 수업한 다음, 10분 동안 쉽니다. 1교시 시작 시각이 오전 9시일 때, 4교시가 끝나는 시각은 언제일까요?

( 오전 , 오후 ) (                          )

🎧유형**❼**

**14** 지금 시각은 오전 3시 3분입니다. 지금 시각에서 긴바늘을 4바퀴 반 돌린 후, 짧은바늘을 반 바퀴 더 돌렸을 때 시계가 나타내는 시각은 언제일까요?

( 오전 , 오후 ) (                          )

🎧유형**❸**

**4**
단원

창의·융합 수학+통합
**15** 은우는 올해 3·1절(3월 1일)에 충청남도 천안에 있는 *유관순 열사 유적지에 다녀왔습니다. 올해 6월의 달력을 보고 올해 3·1절은 무슨 요일이었는지 구하세요.

| 6월 | | | | | | |
|---|---|---|---|---|---|---|
| 일 | 월 | 화 | 수 | 목 | 금 | 토 |
|  |  |  | 1 | 2 | 3 | 4 | 5 |

(                          )

▲ 유관순 열사 유적지

*유관순 열사 유적지: 유관순의 고향 천안에 세워진 유관순 열사 유적지에는 추모각과 영정, 만세를 부르는 동상 등이 있습니다.

🎧유형**❹**

오답 노트

## STEP 4 Top 최고 수준

**|성대 경시 유형|**

**1**
수빈이는 잠을 자다가 중간에 깨서 시계를 보고 다시 잤는데 이때
본 시계는 시계 반대편에 걸린 거울에 비친 시계를 본 것이었습니다.
수빈이가 중간에 깨서 본 시계와 아침에 일어나서 본 시계의 모습이
다음과 같습니다. 수빈이가 중간에 깬 시각부터 아침에 일어난 시각까
지 걸린 시간은 몇 시간 몇 분일까요?

〈중간에 깬 시각〉　　〈아침에 일어난 시각〉

( 　　　　　　　　　　　 )

**창의·융합** 수학+통합

**2**
혜지는 부모님과 이탈리아\*로마를 가려고 합
니다. 인천 국제 공항에서 로마 피우미치노 공항
까지의 비행 시간은 13시간 30분이고, 로마
의 시각은 서울의 시각보다 8시간 늦습니다.
혜지가 인천 국제 공항에서 오전 8시 30분에
출발한다고 할 때 로마 피우미치노 공항에 도
착하는 시각은 로마의 시각으로 언제일까요?

\*로마: 이탈리아의 수도로 궁전,
사원, 경기장 등 사적이 많아 관광
명소가 되고 있습니다.

( 오전 , 오후 ) ( 　　　　　　　 )

**3** |시간에 ㉠분씩 느려지는 시계가 있습니다. 오늘 오전 ||시에 이 시계의 시각을 정확히 맞추었습니다. 4시간 후 이 시계가 가리키는 시각은 오후 2시 40분이었습니다. ㉠은 얼마일까요?

(                    )

┃해법 경시 유형┃

**4** 어느 해 |0월의 첫째 목요일은 2일입니다. 같은 해 |2월의 첫째 금요일은 며칠인지 구하세요.

(                    )

┃해법 경시 유형┃

**5** 설명을 읽고 민서의 생일은 몇 월 며칠인지 구하세요.

> • 서진이의 생일은 |0월 마지막 날입니다.
> • 정성이는 서진이보다 일주일 늦게 태어났습니다.
> • 민서는 정성이가 태어나기 48시간 전에 태어났습니다.

(                    )

**6** 어느 해 |2월 달력의 일부입니다. 이달에 민석이가 매주 월요일, 수요일, 금요일마다 운동했다면 |2월에는 운동을 모두 몇 번 했을까요?

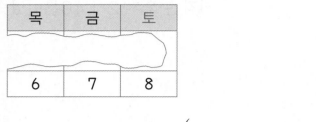

| 목 | 금 | 토 |
|---|---|---|
| 6 | 7 | 8 |

(         )

**7** 서우네 가족은 설악산에 가려고 합니다. 서울에서 설악산까지 가는 버스는 첫차가 오전 8시 20분에 출발하고, 40분 간격으로 운행됩니다. 서우네 가족이 오전에 탈 수 있는 설악산행 버스는 모두 몇 대일까요?

(         )

**8** 수아는 매주 수요일마다 달리기 연습을 하고, 주희는 짝수인 날짜에 달리기 연습을 합니다. 7월 2일에 수아와 주희가 달리기 연습을 함께 했다면, 이달에 달리기 연습을 함께 하게 될 날짜를 모두 써 보세요.

(         )

**9** 지금은 오전 7시 43분입니다. 지금 시각에서 시계의 짧은바늘을 3바퀴 돌린 후, 긴바늘을 2바퀴 반 더 돌렸을 때 시계가 나타내는 시각은 언제일까요?

( 오전 , 오후 ) (            )

|해법 경시 유형|

**10** 다음 조건 에 따라 가 역과 다 역에서 기차가 출발합니다. 가 역과 다 역에서 출발한 기차가 나 역에서 처음 만나는 시각은 언제일까요?

조건

- 나 역은 가 역과 다 역 사이에 있습니다.
- 기차가 가 역에서 출발하여 나 역에 도착하는 데 20분이 걸리고, 오전 5시에 처음 출발하여 8분마다 출발합니다.
- 기차가 다 역에서 출발하여 나 역에 도착하는 데 25분이 걸리고, 오전 5시에 처음 출발하여 9분마다 출발합니다.

( 오전 , 오후 ) (            )

# 도시별 시간 여행

>> 나라마다 시각이 다릅니다. 다음은 같은 날 각 나라의 도시별 시각을 나타낸 것입니다. 선으로 이어진 도시별로 차이나는 시간을 ◯ 안에 알맞게 써넣으세요.

**1**

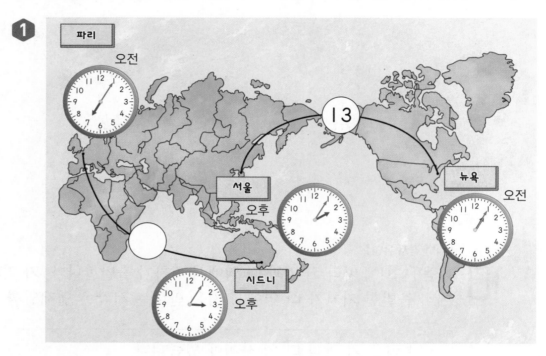

**2**

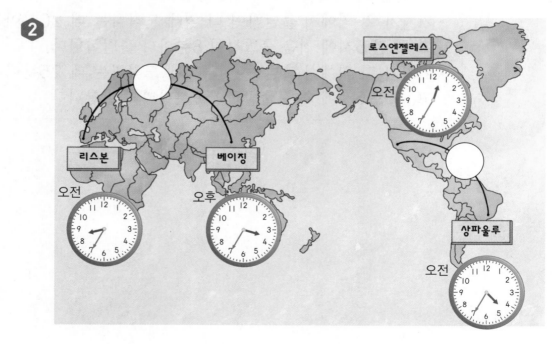

# 수를 먹은 벌레 찾기

>> 벌레들이 먹는 수는 다음과 같습니다. 달력에 적힌 수를 먹은 벌레를 찾아보세요.

<●월 달력일 때>
- 🐜는 금요일인 수만 먹습니다.
- 🐞는 수요일인 수만 먹습니다.
- 🪲는 ●+5인 수만 먹습니다.
- 🪰는 ●+6인 수만 먹습니다.

**3** 어느 해 7월 달력입니다. 달력에 적힌 수 15를 먹은 벌레를 찾아 ○표 하세요.

| | | | 7월 | | | |
|---|---|---|---|---|---|---|
| 일 | 월 | 화 | 수 | 목 | 금 | 토 |
| | | | 1 | 2 | 3 | 4 |
| 5 | 6 | 7 | 8 | 9 | 10 | 11 |
| 12 | 13 | 14 | 15 | 16 | 17 | 18 |
| 19 | 20 | 21 | 22 | 23 | 24 | 25 |
| 26 | 27 | 28 | 29 | 30 | 31 | |

**4** 어느 해 12월 달력입니다. 달력에 적힌 수 18을 먹은 벌레를 찾아 ○표 하세요.

| | | | 12월 | | | |
|---|---|---|---|---|---|---|
| 일 | 월 | 화 | 수 | 목 | 금 | 토 |
| | | | | | | 1 |
| 2 | 3 | 4 | 5 | 6 | 7 | 8 |
| 9 | 10 | 11 | 12 | 13 | 14 | 15 |
| 16 | 17 | 18 | 19 | 20 | 21 | 22 |
| 23 | 24 | 25 | 26 | 27 | 28 | 29 |
| 30 | 31 | | | | | |

# 5

## 표와 그래프

꼭 알아야 할 **대표 유형**

## **1** 자료를 보고 표로 나타내기

자료 → 민경이네 반 학생들이 좋아하는 과일

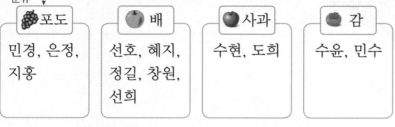

자료를 분류 → 민경이네 반 학생들이 좋아하는 과일

| 🍇포도 | 🍐배 | 🍎사과 | 🍅감 |
|---|---|---|---|
| 민경, 은정, 지홍 | 선호, 혜지, 정길, 창원, 선희 | 수현, 도희 | 수윤, 민수 |

민경이네 반 학생들이 좋아하는 과일별 학생 수

| 과일 | 포도 | 배 | 사과 | 감 | 합계 |
|---|---|---|---|---|---|
| 학생 수(명) | 3 | 5 | 2 | 2 | 12 |

└ 표로 나타내기

## **2** 그래프로 나타내기

민경이네 반 학생들이 좋아하는 과일별 학생 수 ◀

① 그래프의 가로와 세로에 어떤 것을 나타낼지 정하기

② 가로와 세로를 각각 몇 칸으로 할지 정하기

③ 좋아하는 과일별 학생 수를 ○로 표시하기

④ 그래프에 제목 쓰기

### 주의

• 조사한 자료를 보고 표로 나타낼 때 자료를 빠짐없이 중복되지 않도록 세어야 합니다.

• 표를 보고 그래프로 나타낼 때 ○, ×, / 등을 한 칸에 하나씩 채우고, 중간에 빈칸이 없도록 아래에서부터 위로 채웁니다.

### 활용 개념

**○를 가로로 채워서 나타낸 그래프**

| 학생 수(명) \ 과일 | 1 | 2 | 3 | 4 | 5 |
|---|---|---|---|---|---|
| 포도 | ○ | ○ | ○ | | |
| 배 | ○ | ○ | ○ | ○ | ○ |
| 사과 | ○ | ○ | | | |
| 감 | ○ | ○ | | | |

⇨ 그래프의 가로에 학생 수, 세로에 과일을 나타내 ○를 가로로 채워서 나타낼 수도 있습니다.

정답 및 풀이 **42**쪽

[1~3] 승현이네 반 학생들이 가고 싶은 체험 학습 장소를 조사하였습니다. 물음에 답하세요.

가고 싶은 체험 학습 장소

| 이름 | 장소 | 이름 | 장소 | 이름 | 장소 |
|------|------|------|------|------|------|
| 승현 | 박물관 | 윤서 | 과학관 | 라온 | 과학관 |
| 연주 | 놀이공원 | 서희 | 산 | 가온 | 놀이공원 |
| 선정 | 과학관 | 윤재 | 산 | 민호 | 놀이공원 |
| 유미 | 놀이공원 | 세연 | 산 | 다인 | 산 |

**1** 자료를 보고 표로 나타내 보세요.

가고 싶은 체험 학습 장소별 학생 수

| 장소 | 박물관 | 놀이공원 | 과학관 | 산 | 합계 |
|------|--------|----------|--------|-----|------|
| 학생 수(명) | | | | | |

**2** 표를 보고 그래프로 나타내 보세요.

가고 싶은 체험 학습 장소별 학생 수

| 학생 수(명) / 장소 | 박물관 | 놀이공원 | 과학관 | 산 |
|------|--------|----------|--------|-----|
| 4 | | | | |
| 3 | | | | |
| 2 | | | | |
| 1 | ○ | | | |

**3** 자료, 표, 그래프 중 승현이가 가고 싶은 체험 학습 장소를 알 수 있는 것은 무엇일까요?

( )

[4~6] 주원이가 5일 동안 먹은 사탕 수를 표로 나타냈습니다. 물음에 답하세요.

요일별 먹은 사탕 수

| 요일 | 월 | 화 | 수 | 목 | 금 | 합계 |
|------|-----|-----|-----|-----|-----|------|
| 사탕 수(개) | 5 | 2 | | 4 | 6 | 20 |

**4** 주원이가 수요일에 먹은 사탕은 몇 개일까요?

( )

활용 개념

**5** 표를 보고 ×를 이용하여 그래프로 나타내 보세요.

요일별 먹은 사탕 수

| 사탕 수(개) / 요일 | 1 | 2 | 3 | 4 | 5 | 6 |
|------|-----|-----|-----|-----|-----|-----|
| 월 | | | | | | |
| 화 | | | | | | |
| 수 | | | | | | |
| 목 | | | | | | |
| 금 | | | | | | |

**6** 주원이가 사탕을 가장 많이 먹은 날은 무슨 요일일까요?

( )

## 1 표와 그래프의 내용 알아보기

**활용 개념**

• 조사한 자료

**표와 그래프 비교(편리한 점)**

좋아하는 꽃

| 표 | 각 항목별 수를 알아보기 편리함, 합계를 한눈에 알 수 있음 |
|---|---|
| 그래프 | 조사한 자료 중 가장 많은 것, 가장 적은 것을 한눈에 비교하기 편리함 |

⇨ 누가 어떤 꽃을 좋아하는지 알 수 있습니다.

• 표

**미리보기 4-1**

좋아하는 꽃별 학생 수

**막대그래프**

조사한 자료의 수량을 막대 모양으로 나타낸 그래프

| 꽃 | 장미 | 튤립 | 백합 | 합계 |
|---|---|---|---|---|
| 학생 수(명) | 4 | 3 | 2 | 9 |

→ 조사한 학생은 모두 9명입니다.

→ 장미를 좋아하는 학생은 4명입니다.

⇨ 각 항목별 수와 조사한 전체 수를 알 수 있습니다.

좋아하는 꽃별 학생 수

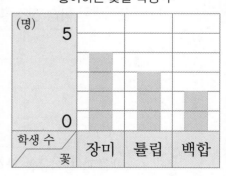

• 그래프

좋아하는 꽃별 학생 수

| 4 | ○ | | |
|---|---|---|---|
| 3 | ○ | ○ | |
| 2 | ○ | ○ | ○ |
| 1 | ○ | ○ | ○ |
| 학생 수(명) \ 꽃 | 장미 | 튤립 | 백합 |

가장 많은 학생들이 좋아하는 꽃은 장미예요.

→ 가장 적은 학생들이 좋아하는 꽃은 백합입니다.

⇨ 항목별 많고 적음을 한눈에 알 수 있습니다.

[1~3] 진경이네 반 학생들의 취미를 조사하여 표로 나타냈습니다. 물음에 답하세요.

취미별 학생 수

| 취미 | 인터넷 | 운동 | 독서 | 노래 | 합계 |
|---|---|---|---|---|---|
| 학생 수(명) | 5 | 4 | 8 | 3 | 20 |

**1** 조사한 학생은 모두 몇 명일까요?

( )

**2** 표를 보고 ○를 이용하여 그래프로 나타내 보세요.

취미별 학생 수

| 8 | | | | |
|---|---|---|---|---|
| 7 | | | | |
| 6 | | | | |
| 5 | | | | |
| 4 | | | | |
| 3 | | | | |
| 2 | | | | |
| 1 | | | | |
| 학생 수(명) / 취미 | 인터넷 | 운동 | 독서 | 노래 |

활용 개념

**3** 그래프의 편리한 점을 1가지 써 보세요.

_____

_____

[4~6] 소희네 모둠 학생들의 가족 수를 조사하여 표와 그래프로 나타냈습니다. 물음에 답하세요.

학생별 가족 수

| 이름 | 소희 | 현우 | 수빈 | 민아 | 합계 |
|---|---|---|---|---|---|
| 가족 수(명) | 3 | 4 | 6 | 4 | 17 |

학생별 가족 수

| 가족 수(명) / 이름 | 1 | 2 | 3 | 4 | 5 | 6 |
|---|---|---|---|---|---|---|
| 소희 | ○ | ○ | ○ | | | |
| 현우 | ○ | ○ | ○ | ○ | | |
| 수빈 | ○ | ○ | ○ | ○ | ○ | ○ |
| 민아 | ○ | ○ | ○ | ○ | | |

**4** 가족 수가 가장 많은 학생은 누구일까요?

( )

**5** 민아네 가족은 몇 명일까요?

( )

**6** 소희네 모둠 학생들의 가족 수만큼 과자를 준비하려고 합니다. 과자를 몇 개 준비해야 할까요?

( )

5 단원

## 유형 ① 자료별 수의 합과 차를 구하는 문제

서이네 반 학생들의 혈액형을 조사하여 오른쪽과 같이 그래프로 나타냈습니다. 가장 많은 혈액형과 가장 적은 혈액형의 학생 수의 차는 몇 명일까요?

혈액형별 학생 수

| 6 | ○ | | | |
|---|---|---|---|---|
| 5 | ○ | | ○ | |
| 4 | ○ | ○ | ○ | |
| 3 | ○ | ○ | ○ | ○ |
| 2 | ○ | ○ | ○ | ○ |
| 1 | ○ | ○ | ○ | ○ |
| 학생 수(명) / 혈액형 | A형 | B형 | O형 | AB형 |

**문제해결 Key**

자료별 ○의 수를 세어 봅니다.

❶ 가장 많은 혈액형의 학생 수 구하기
❷ 가장 적은 혈액형의 학생 수 구하기
❸ ❶과 ❷의 차 구하기

|풀이|

❶ 가장 많은 혈액형: ☐형 → ☐명

❷ 가장 적은 혈액형: ☐형 → ☐명

❸ 가장 많은 혈액형과 가장 적은 혈액형의 학생 수의 차는

☐ − ☐ = ☐ (명)입니다.

답 _____

**1 - 1** 윤진이네 반 학생들이 좋아하는 과일을 조사하여 오른쪽과 같이 그래프로 나타냈습니다. 가장 많은 학생들이 좋아하는 과일과 두 번째로 적은 학생들이 좋아하는 과일의 학생 수의 합은 몇 명일까요?

좋아하는 과일별 학생 수

| 5 | ○ | | | | |
|---|---|---|---|---|---|
| 4 | ○ | ○ | | | |
| 3 | ○ | ○ | | ○ | |
| 2 | ○ | ○ | ○ | ○ | |
| 1 | ○ | ○ | ○ | ○ | ○ |
| 학생 수(명) / 과일 | 사과 | 바나나 | 감 | 귤 | 포도 |

(          )

## 유형 ❷ 그래프의 칸 수를 구하는 문제

윤하네 반 학생들이 좋아하는 색깔을 조사하여 표로 나타냈습니다. 표를 보고 그래프로 나타낼 때, 그래프의 가로에는 좋아하는 색깔을, 세로에는 학생 수를 나타내려고 합니다. 세로 칸은 적어도 몇 명까지 나타낼 수 있어야 할까요?

좋아하는 색깔별 학생 수

| 색깔 | 빨간색 | 노란색 | 파란색 | 초록색 | 합계 |
|---|---|---|---|---|---|
| 학생 수(명) | 3 | 5 | 4 | | 15 |

**문제해결 Key**

가장 큰 항목의 수까지 그래프에 나타낼 수 있어야 합니다.

❶ 초록색을 좋아하는 학생 수 구하기
❷ 세로 칸은 적어도 몇 명까지 나타낼 수 있어야 하는지 구하기

| 풀이 |

❶ (초록색을 좋아하는 학생 수)
= (합계) - (빨간색) - (노란색) - (파란색)
= 15 - 3 - 5 - ☐ = ☐ (명)

❷ 가장 많은 학생들이 좋아하는 색깔의 학생 수까지 그래프에 나타낼 수 있어야 합니다.

가장 많은 학생들이 좋아하는 색깔은 ☐ 이고

☐ 명입니다.

➡ 세로 칸은 적어도 ☐ 명까지 나타낼 수 있어야 합니다.

답 _____

**2-1** 준수네 반 학생들이 좋아하는 운동 종목을 조사하여 표로 나타냈습니다. 표를 보고 그래프로 나타낼 때, 그래프의 가로에는 좋아하는 운동 종목을, 세로에는 학생 수를 나타내려고 합니다. 세로 칸은 적어도 몇 명까지 나타낼 수 있어야 할까요?

좋아하는 운동 종목별 학생 수

| 운동 종목 | 야구 | 축구 | 탁구 | 배구 | 농구 | 합계 |
|---|---|---|---|---|---|---|
| 학생 수(명) | 4 | 6 | 3 | | 5 | 25 |

( )

## 유형 ③ 찢어진 그래프에서 모르는 자료의 수를 구하는 문제

현진이네 반 학생들이 태어난 계절을 조사하여 나타낸 그래프의 일부가 찢어졌습니다. 현진이네 반 학생들이 모두 14명일 때 겨울에 태어난 학생은 몇 명일까요?

태어난 계절별 학생 수

| 학생 수(명) \ 계절 | 봄 | 여름 | 가을 | 겨울 |
|---|---|---|---|---|
| 5 | | | | |
| 4 | | ○ | | |
| 3 | | ○ | ○ | |
| 2 | ○ | ○ | ○ | |
| 1 | ○ | ○ | ○ | |

**문제해결 Key**

그래프의 찢어지지 않은 부분에서 ○의 수를 세어 태어난 계절별 학생 수를 알아봅니다.

❶ 봄, 여름, 가을에 태어난 학생 수 알아보기
❷ 겨울에 태어난 학생 수 구하기

| 풀이 |

❶ 계절별 태어난 학생 수를 알아봅니다.
봄: ☐ 명, 여름: ☐ 명, 가을: ☐ 명

❷ (겨울에 태어난 학생 수)
= (합계) − (봄) − (여름) − (가을)
= ☐ − 2 − ☐ − ☐ = ☐ (명)

답 _____

**3-1** 연준이가 가지고 있는 학용품을 조사하여 나타낸 그래프의 일부가 찢어졌습니다. 연준이가 가지고 있는 학용품이 모두 17개일 때 가위는 몇 개일까요?

가지고 있는 학용품 수

| 학용품 수(개) \ 학용품 | 연필 | 지우개 | 가위 | 풀 | 자 |
|---|---|---|---|---|---|
| 5 | ○ | | | | |
| 4 | ○ | | | ○ | |
| 3 | ○ | | | ○ | ○ |
| 2 | ○ | ○ | | ○ | ○ |
| 1 | ○ | ○ | | ○ | ○ |

(                    )

## 유형 ④ 조건에 맞도록 표를 완성하는 문제

기준이네 반 학생들이 배우는 운동을 조사하여 표로 나타냈습니다. 수영을 배우는 학생이 검도를 배우는 학생보다 4명 더 많다면 태권도를 배우는 학생은 몇 명일까요?

배우는 운동별 학생 수

| 운동 | 수영 | 검도 | 태권도 | 유도 | 합계 |
|---|---|---|---|---|---|
| 학생 수(명) | | 6 | | 9 | 30 |

**문제해결 Key**

조건에 맞도록 표를 차례대로 채워 봅니다.
❶ 수영을 배우는 학생 수 구하기
❷ 태권도를 배우는 학생 수 구하기

| 풀이 |

❶ (수영을 배우는 학생 수)=(검도를 배우는 학생 수)+4

$$= \boxed{\phantom{00}} +4= \boxed{\phantom{00}} \text{(명)}$$

❷ (태권도를 배우는 학생 수)
    =(합계)−(수영)−(검도)−(유도)

$$=30- \boxed{\phantom{00}} -6-9= \boxed{\phantom{00}} \text{(명)}$$

답 _____

---

**4-1** 승아와 친구들이 캔 감자의 수를 조사하여 표로 나타냈습니다. 준혁이가 나은이보다 5개 더 많이 캤다면 주훈이가 캔 감자는 몇 개일까요?

캔 감자의 수

| 이름 | 승아 | 준혁 | 나은 | 주훈 | 합계 |
|---|---|---|---|---|---|
| 감자의 수(개) | 12 | | 4 | | 35 |

( )

**4-2** 냉장고에 들어 있는 과일을 조사하여 표로 나타냈습니다. 자두와 사과의 수가 같다면 배는 사과보다 몇 개 더 많을까요?

냉장고에 들어 있는 과일의 수

| 과일 | 배 | 자두 | 사과 | 귤 | 합계 |
|---|---|---|---|---|---|
| 과일의 수(개) | 8 | | | 7 | 25 |

( )

5 단원

서윤이네 반 학생들이 생일에 받고 싶은 선물을 조사하여 표와 그래프로 나타내려고 합니다. 표와 그래프를 각각 완성해 보세요.

받고 싶은 선물별 학생 수

| 선물 | 학생 수(명) |
|---|---|
| 책 | |
| 시계 | 4 |
| 옷 | 2 |
| 인형 | |
| 로봇 | 5 |
| 합계 | 15 |

받고 싶은 선물별 학생 수

| 학생 수(명) \ 선물 | 책 | 시계 | 옷 | 인형 | 로봇 |
|---|---|---|---|---|---|
| 5 | | | | | ○ |
| 4 | | ○ | | | ○ |
| 3 | | ○ | | | ○ |
| 2 | | ○ | | | ○ |
| 1 | ○ | ○ | | | ○ |

**문제해결 Key**

표와 그래프를 비교하여 빈 칸을 채웁니다.

표 ⟷ 그래프

❶ 표 완성하기
❷ 그래프 완성하기

| 풀이 |

❶ 표를 완성해 보면 (책을 받고 싶은 학생 수)= ☐ 명,

(인형을 받고 싶은 학생 수)

$= \underset{\text{합계}}{15} - \underset{\text{책}}{\boxed{\phantom{0}}} - \underset{\text{시계}}{4} - \underset{\text{옷}}{2} - \underset{\text{로봇}}{5} = \boxed{\phantom{0}}$ (명)

❷ 그래프를 완성해 보면 옷: 2명 → ○를 ☐ 개,

인형: ☐ 명 → ○를 ☐ 개 그립니다.

**5-1** 은우가 한 달 동안 읽은 책의 종류를 조사하여 표와 그래프로 나타내려고 합니다. 표와 그래프를 각각 완성해 보세요.

종류별 읽은 책 수

| 종류 | 책 수(권) |
|---|---|
| 동화책 | 4 |
| 만화책 | |
| 과학책 | 2 |
| 역사책 | 2 |
| 위인전 | |
| 합계 | 17 |

종류별 읽은 책 수

| 책 수(권) \ 종류 | 동화책 | 만화책 | 과학책 | 역사책 | 위인전 |
|---|---|---|---|---|---|
| 5 | | | | | |
| 4 | ○ | ○ | | | |
| 3 | ○ | ○ | | | |
| 2 | ○ | ○ | | | |
| 1 | ○ | ○ | | | |

## 유형 ❻ 한 항목에 두 가지를 같이 나타낸 그래프를 알아보는 문제

현우네 반의 모둠별 남학생 수와 여학생 수를 조사하여 그래프로 나타냈습니다. 남학생 수와 여학생 수의 차가 가장 큰 모둠은 어느 모둠일까요?

모둠별 남학생 수와 여학생 수

| 학생 수(명) \ 모둠 | 해 | | 달 | | 별 | | 구름 | |
|---|---|---|---|---|---|---|---|---|
| 5 | | | | | ○ | | | |
| 4 | ○ | | ○ | × | ○ | × | | × |
| 3 | ○ | | ○ | × | ○ | × | ○ | × |
| 2 | ○ | × | ○ | × | ○ | × | ○ | × |
| 1 | ○ | × | ○ | × | ○ | × | ○ | × |

○: 남학생
×: 여학생

**문제해결 Key**

남학생은 ○의 개수를, 여학생은 ×의 개수를 각각 세어 봅니다.

❶ 모둠별 남학생 수와 여학생 수의 차 구하기
❷ 남학생 수와 여학생 수의 차가 가장 큰 모둠 구하기

| 풀이 |

❶ 모둠별 남학생 수와 여학생 수의 차를 구합니다.

해 모둠: 4 − ☐ = ☐ (명), 달 모둠: 4 − 4 = ☐ (명),

별 모둠: 5 − ☐ = ☐ (명), 구름 모둠: 4 − 3 = ☐ (명)

❷ 차가 가장 큰 모둠은 ☐ 모둠입니다.

답 _____

**5 단원**

### 6-1

각 상자에 들어 있는 우유와 빵의 수를 조사하여 우유는 ○로, 빵은 /으로 나타낸 그래프입니다. 우유와 빵의 수의 합이 가장 큰 상자는 어느 것일까요?

상자별 우유와 빵의 수

| 수(개) \ 상자 | 가 | | 나 | | 다 | | 라 | |
|---|---|---|---|---|---|---|---|---|
| 5 | | | | / | | | | |
| 4 | | | | / | | | ○ | |
| 3 | ○ | / | ○ | | ○ | / | ○ | / |
| 2 | ○ | / | ○ | / | ○ | / | ○ | / |
| 1 | ○ | / | ○ | / | ○ | / | ○ | / |

(          )

## 창의·융합 │ 유형 7 자료와 표를 활용한 문제

축구에서 프리킥은 심판에 의하여 반칙으로 지적되었을 때 상대편에게 주어지는 킥입니다. 진수와 친구들은 프리킥 연습을 했습니다. 다음은 진수와 친구들이 골을 넣으면 ○로, 넣지 못하면 ×로 나타낸 것입니다. 골을 많이 넣은 사람부터 차례대로 이름을 써 보세요.

프리킥 연습 결과

| 순서(번째) 이름 | 1 | 2 | 3 | 4 | 5 | 6 |
|---|---|---|---|---|---|---|
| 진수 | × | ○ | × | ○ | × | × |
| 경민 | ○ | ○ | × | × | ○ | × |
| 도환 | × | × | ○ | × | × | × |

### 문제해결 Key

골을 넣은 횟수를 표에 각각 써 봅니다.

❶ 표 완성하기
❷ 골을 많이 넣은 사람부터 차례대로 이름 쓰기

| 풀이 |

❶ 자료를 보고 표를 완성해 봅니다.

골을 넣은 횟수

| 이름 | 진수 | 경민 | 도환 | 합계 |
|---|---|---|---|---|
| 횟수(번) | 2 | | | |

❷ ☐ > 2 > ☐ 이므로 골을 많이 넣은 사람부터 차례대로

이름을 쓰면 ☐ , ☐ , ☐ 입니다.

답 _____

**7-1** 다희와 친구들은 동전 던지기를 하여 숫자면이 나오면 ○로, 그림면이 나오면 /으로 나타냈습니다. 그림면이 많이 나온 사람부터 차례대로 이름을 써 보세요.

동전 던지기 결과

| 순서(번째) 이름 | 1 | 2 | 3 | 4 | 5 |
|---|---|---|---|---|---|
| 다희 | / | ○ | ○ | ○ | ○ |
| 효린 | ○ | / | / | ○ | / |
| 재준 | ○ | ○ | ○ | / | / |

( )

**[1~3]** 피노키오가 착한 일을 하고 받은 장난감 수를 조사하여 나타낸 그래프의 일부가 찢어졌습니다. 일주일 동안 피노키오가 받은 장난감이 모두 26개일 때, 물음에 답하세요.

오답 노트

요일별 받은 장난감 수

| 장난감 수(개) \ 요일 | 월 | 화 | 수 | 목 | 금 | 토 | 일 |
|---|---|---|---|---|---|---|---|
| 6 | | | | ○ | | | |
| 5 | | | | ○ | | ○ | |
| 4 | | | | ○ | ○ | ○ | |
| 3 | | | | ○ | ○ | ○ | ○ |
| 2 | | | ○ | ○ | ○ | ○ | ○ |
| 1 | ○ | ○ | ○ | ○ | ○ | ○ | ○ |

**1** 피노키오가 화요일에 받은 장난감은 몇 개일까요?

(           )

유형❸

**2** 피노키오가 장난감을 가장 많이 받은 날과 가장 적게 받은 날의 장난감 수의 차는 몇 개일까요?

(           )

유형❶

**3** 선물을 4개보다 많이 받은 날은 무슨 요일인지 모두 찾아써 보세요.

(           )

**4** 혜정이가 친구들과 과녁 맞히기 놀이를 하여 과녁을 맞힌 횟수를 그래프로 잘못 나타냈습니다. <u>잘못</u> 나타낸 까닭을 써 보세요.

과녁을 맞힌 횟수

| 횟수(번) \ 이름 | 혜정 | 우림 | 소연 | 희성 | 재혁 | 종인 |
|---|---|---|---|---|---|---|
| 4 | | ○ | ○ | ○ | | |
| 3 | | ○ | ○ | ○ | ○ | ○ |
| 2 | ○ | ○ | | ○ | ○ | |
| 1 | ○ | | | ○ | ○ | ○ |

(까닭)

_____

_____

(창의·융합) 수학+통합

**5** 어느 해 2월의 날씨를 조사하였습니다. 자료를 보고 표로 나타내 보세요.

내일 우리나라의 날씨입니다.

2월의 날씨

| 일 | 월 | 화 | 수 | 목 | 금 | 토 |
|---|---|---|---|---|---|---|
| 1 ☀ | 2 ☀ | 3 ☁ | 4 ☂ | 5 ☀ | 6 ☁ | 7 ☂ |
| 8 ☂ | 9 ☁ | 10 ☀ | 11 ☁ | 12 ☀ | 13 ☀ | 14 ☁ |
| 15 ☂ | 16 ☂ | 17 ☁ | 18 ☀ | 19 ☁ | 20 ☀ | 21 ☀ |
| 22 ☀ | 23 ☁ | 24 ☂ | 25 ☀ | 26 ☀ | 27 ☁ | 28 ☂ |

☀ 맑음  ☁ 흐림  ☂ 비

날씨별 날수

| 날씨 | 맑은 날 | 흐린 날 | 비 온 날 | 합계 |
|---|---|---|---|---|
| 날수(일) | | | | |

**6** 경환, 한수, 태린이가 고리 던지기를 하여 고리가 걸리면 ○로, 걸리지 않으면 ×로 나타낸 것입니다. 걸리지 않은 고리의 수를 표로 나타내고, 걸린 고리가 가장 많은 사람의 이름을 써 보세요.

○ 유형 **7**

고리 던지기 결과

| 횟수(회) 이름 | 1 | 2 | 3 | 4 | 5 | 6 | 7 | 8 |
|---|---|---|---|---|---|---|---|---|
| 경환 | × | ○ | ○ | × | ○ | × | ○ | ○ |
| 한수 | ○ | × | ○ | × | × | ○ | × | × |
| 태린 | × | × | × | ○ | ○ | × | ○ | ○ |

걸리지 않은 고리의 수

| 이름 | 경환 | 한수 | 태린 | 합계 |
|---|---|---|---|---|
| 고리의 수(개) | | | | |

( )

|해법 경시 유형|

**7** 시현이네 반과 진영이네 반 학생들이 좋아하는 붕어빵을 조사하여 그래프로 나타냈습니다. 가장 많은 학생들이 좋아하는 붕어빵은 무엇일까요?

○ 유형 **6**

좋아하는 붕어빵 종류별 학생 수

| 학생 수(명) 종류 | 팥 | | 슈크림 | | 고구마 | | 치즈 | |
|---|---|---|---|---|---|---|---|---|
| 6 | | | | ○ | | | | |
| 5 | | | × | ○ | | | | × |
| 4 | ○ | | × | ○ | | | | × |
| 3 | ○ | | ○ | × | | × | | × |
| 2 | ○ | × | ○ | × | ○ | × | ○ | × |
| 1 | ○ | × | ○ | × | ○ | × | ○ | × |

○: 시현이네 반 ×: 진영이네 반

( )

**[8~9]** 유라네 반 학생들이 좋아하는 악기를 조사하여 그래프로
나타냈습니다. 물음에 답하세요.

좋아하는 악기별 학생 수

| 학생 수(명)＼악기 | 피아노 | 플루트 | 색소폰 | 바이올린 | 첼로 |
|---|---|---|---|---|---|
| 10 | ○ | | | | |
| 8 | ○ | | | ○ | |
| 6 | ○ | ○ | | ○ | ○ |
| 4 | ○ | ○ | | ○ | ○ |
| 2 | ○ | ○ | ○ | ○ | ○ |

**8** 그래프의 세로 한 칸은 몇 명을 나타낼까요?

(        )

**9** 그래프를 보고 표로 나타내 보세요.

좋아하는 악기별 학생 수

| 악기 | 피아노 | 플루트 | 색소폰 | 바이올린 | 첼로 | 합계 |
|---|---|---|---|---|---|---|
| 학생 수(명) | | | | | | |

**10** 다음 표를 그래프로 나타내려고 합니다. 세로에는 좋아하는
운동을, 가로에는 학생 수를 나타낼 때 가로 칸은 적어도
몇 명까지 나타낼 수 있어야 할까요?

좋아하는 운동별 학생 수

| 운동 | 축구 | 야구 | 수영 | 배구 | 스키 | 합계 |
|---|---|---|---|---|---|---|
| 학생 수(명) | | 5 | 3 | 4 | 10 | 31 |

(        )

∩ 유형 **②**

|해법 경시 유형|

**11** 은하네 학교 2학년의 각 반별 남학생 수와 여학생 수를 조사하여 표로 나타내려고 합니다. 남학생이 가장 많은 반과 여학생이 가장 많은 반을 각각 써 보세요.

반별 남학생과 여학생 수

| 반 | 1 | 2 | 3 | 4 | 5 |
|---|---|---|---|---|---|
| 남학생 수(명) | 13 | | | 15 | 14 |
| 여학생 수(명) | | 15 | 13 | | |
| 합계 | 25 | 22 | 24 | 30 | 30 |

남학생이 가장 많은 반 (                    )

여학생이 가장 많은 반 (                    )

⌒유형❹

**12** 현아네 반 학생들이 심고 싶은 꽃을 조사하여 표와 그래프로 나타내려고 합니다. 장미를 심고 싶은 학생 수와 튤립을 심고 싶은 학생 수가 같을 때, 표와 그래프를 완성해 보세요.

심고 싶은 꽃별 학생 수

| 꽃 | 학생 수(명) |
|---|---|
| 무궁화 | |
| 장미 | |
| 튤립 | |
| 나팔꽃 | 4 |
| 합계 | 16 |

심고 싶은 꽃별 학생 수

| 6 | ○ | | | |
|---|---|---|---|---|
| 5 | ○ | | | |
| 4 | ○ | | | |
| 3 | ○ | | | |
| 2 | ○ | | | |
| 1 | ○ | | | |
| 학생 수(명) / 꽃 | 무궁화 | 장미 | 튤립 | 나팔꽃 |

⌒유형❺

**1** 세혁이가 매일 수학 문제를 10문제씩 풀어 틀린 문제 수를 표로 나타내려고 합니다. 다음 설명을 보고 목요일에 틀린 문제는 몇 문제인지 구하세요.

요일별 틀린 문제 수

| 요일 | 월 | 화 | 수 | 목 | 금 | 토 | 일 | 합계 |
|---|---|---|---|---|---|---|---|---|
| 틀린 문제 수(문제) | 2 | 3 | | | 3 | 5 | | 19 |

세혁이가 일요일에 틀린 문제 수는 월요일에 틀린 문제 수의 2배입니다. 수요일과 목요일에 틀린 문제 수는 같습니다.

(           )

창의·융합 수학+통합

**2** 서율이와 친구들은 콩 주머니 던져 넣기 놀이를 하고 있습니다. 각자 콩 주머니를 6개씩 던졌을 때 넣지 못한 콩 주머니의 수를 세어 표로, 넣은 콩 주머니의 수를 세어 그래프로 나타내려고 합니다. 표와 그래프를 각각 완성해 보세요.

넣지 못한 콩 주머니의 수

| 이름 | 서율 | 은우 | 혜지 | 준혁 | 기주 | 합계 |
|---|---|---|---|---|---|---|
| 콩 주머니의 수(개) | 2 | 3 | 5 | 4 | | |

넣은 콩 주머니의 수

| 콩 주머니의 수(개)<br>이름 | 1 | 2 | 3 | 4 | 5 | 6 |
|---|---|---|---|---|---|---|
| 서율 | | | | | | |
| 은우 | | | | | | |
| 혜지 | | | | | | |
| 준혁 | | | | | | |
| 기주 | ○ | ○ | ○ | ○ | ○ | ○ |

|해법 경시 유형|

**3** 형준이네 모둠과 민선이네 모둠 학생들이 모둠별 퀴즈 대항전에서 맞힌 문제의 수를 각각 그래프로 나타내려고 합니다. 형준이네 모둠이 민선이네 모둠보다 3문제를 더 많이 맞혔다면 지은이는 몇 문제를 맞혔을까요?

형준이네 모둠 학생별 맞힌 문제 수

| 문제 수(문제) \ 이름 | 형준 | 윤수 | 혜영 | 진주 |
|---|---|---|---|---|
| 5 |  | ○ |  |  |
| 4 |  | ○ | ○ | ○ |
| 3 |  | ○ | ○ | ○ |
| 2 | ○ | ○ | ○ | ○ |
| 1 | ○ | ○ | ○ | ○ |

민선이네 모둠 학생별 맞힌 문제 수

| 문제 수(문제) \ 이름 | 민선 | 용민 | 지은 | 세원 |
|---|---|---|---|---|
| 5 |  |  |  |  |
| 4 |  | ○ |  |  |
| 3 | ○ | ○ |  |  |
| 2 | ○ | ○ |  | ○ |
| 1 | ○ | ○ |  | ○ |

( )

|해법 경시 유형|

**4** 건우네 학교 2학년 반별 학생 수를 그래프로 나타냈습니다. 은하네 학교 2학년 학생 수는 건우네 학교 2학년 학생 수보다 남학생은 30명 더 많고, 여학생은 10명 더 적습니다. 은하네 학교 2학년 학생 수는 모두 몇 명일까요?

건우네 학교 2학년 반별 학생 수

| 학생 수(명) \ 반 | 1 | | 2 | | 3 | |
|---|---|---|---|---|---|---|
| 25 | ○ |  |  |  |  | × |
| 20 | ○ | × | ○ |  | ○ | × |
| 15 | ○ | × | ○ | × | ○ | × |
| 10 | ○ | × | ○ | × | ○ | × |
| 5 | ○ | × | ○ | × | ○ | × |

○: 남학생   ×: 여학생

( )

**5** 신영이네 반 학생 20명이 좋아하는 색깔을 한 가지씩 조사하여 그 래프로 나타냈습니다. 초록색을 좋아하는 학생이 보라색을 좋아하는 학생보다 2명 더 많을 때 초록색을 좋아하는 학생은 몇 명일까요?

좋아하는 색깔별 학생 수

| 학생 수(명) / 색깔 | 빨간색 | 파란색 | 보라색 | 초록색 | 노란색 |
|---|---|---|---|---|---|
| 6 | | ○ | | | |
| 5 | | ○ | | | |
| 4 | | ○ | | | ○ |
| 3 | | ○ | | | ○ |
| 2 | ○ | ○ | | | ○ |
| 1 | ○ | ○ | | | ○ |

(                                    )

**6** 수아네 학교 2학년 반별 학생 수를 조사하였습니다. 2명씩 짝을 지어 자리에 앉을 때 모든 남학생과 여학생이 한 명씩 서로 짝 지어 앉을 수 있는 반은 몇 반일까요?

- 수아네 학교 2학년 학생 수는 155명입니다.
- 1반 남학생 수는 2반 여학생 수보다 3명 더 적습니다.
- 3반 남학생 수와 4반 남학생 수는 같습니다.

반별 남학생 수와 여학생 수

| 반 | 1 | 2 | 3 | 4 | 5 | 합계 |
|---|---|---|---|---|---|---|
| 남학생 수(명) | | 17 | | | 17 | 80 |
| 여학생 수(명) | 16 | | 14 | 13 | 15 | |

(                                    )

**7** 서연이네 모둠 학생들이 주말 농장에서 캔 고구마의 수를 조사하여 나타낸 그래프에 물감이 묻어 일부가 보이지 않습니다. 서연이네 모둠 학생 4명이 캔 고구마가 모두 27개일 때 은호가 캔 고구마는 몇 개일까요?

캔 고구마 수

| 고구마 수(개) / 이름 | 서연 | 은호 | 하린 | 강현 |
|---|---|---|---|---|
| | | ○ | | |
| | | ○ | | |
| | ○ | ○ | | ○ |
| | ○ | ○ | ○ | ○ |

(                   )

**8** 어느 생선 가게에서 오전에 팔린 생선을 조사하여 표로 나타냈습니다. 팔린 고등어 수는 팔린 갈치 수의 4배일 때 고등어는 몇 마리 팔렸을까요?

팔린 생선 수

| 생선 | 고등어 | 전어 | 갈치 | 굴비 | 합계 |
|---|---|---|---|---|---|
| 생선 수(마리) | | 15 | | 10 | 60 |

(                   )

# 과녁 맞히기

>> 혜지가 과녁에 화살을 던져 15점을 얻었습니다. 보기와 같이 조건에 맞도록 혜지가 15점을 얻는 방법을 그래프로 알아보세요.

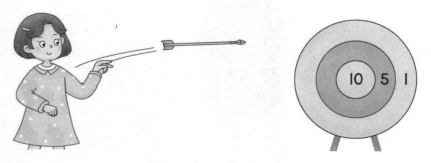

보기

I점만 맞혔을 때, I5점을 만든 경우

| | | | | | | | | | | | | | | | |
|---|---|---|---|---|---|---|---|---|---|---|---|---|---|---|---|
| 10점 | | | | | | | | | | | | | | | |
| 5점 | | | | | | | | | | | | | | | |
| 1점 | ○ | ○ | ○ | ○ | ○ | ○ | ○ | ○ | ○ | ○ | ○ | ○ | ○ | ○ | ○ |
| 점수 / 횟수(회) | 1 | 2 | 3 | 4 | 5 | 6 | 7 | 8 | 9 | 10 | 11 | 12 | 13 | 14 | 15 |

**1** 10점을 1번 맞혔을 때, 15점을 만들어 보세요.

| | | | | | | | | | | | | | | | |
|---|---|---|---|---|---|---|---|---|---|---|---|---|---|---|---|
| 10점 | | | | | | | | | | | | | | | |
| 5점 | | | | | | | | | | | | | | | |
| 1점 | | | | | | | | | | | | | | | |
| 점수 / 횟수(회) | 1 | 2 | 3 | 4 | 5 | 6 | 7 | 8 | 9 | 10 | 11 | 12 | 13 | 14 | 15 |

| | | | | | | | | | | | | | | | |
|---|---|---|---|---|---|---|---|---|---|---|---|---|---|---|---|
| 10점 | | | | | | | | | | | | | | | |
| 5점 | | | | | | | | | | | | | | | |
| 1점 | | | | | | | | | | | | | | | |
| 점수 / 횟수(회) | 1 | 2 | 3 | 4 | 5 | 6 | 7 | 8 | 9 | 10 | 11 | 12 | 13 | 14 | 15 |

≫ 은우가 과녁에 화살을 던져 19점을 얻었습니다. 조건에 맞도록 은우가 19점을 얻는 방법을 그래프로 알아보세요.

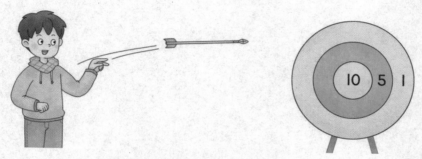

❷ 10점은 맞히지 못했고 5점은 반드시 맞혔을 때, 19점을 만들어 보세요.

| 10점 | | | | | | | | | | | | | | | |
|---|---|---|---|---|---|---|---|---|---|---|---|---|---|---|---|
| 5점 | | | | | | | | | | | | | | | |
| 1점 | | | | | | | | | | | | | | | |
| 점수 ╲ 횟수(회) | 1 | 2 | 3 | 4 | 5 | 6 | 7 | 8 | 9 | 10 | 11 | 12 | 13 | 14 | 15 |

| 10점 | | | | | | | | | | | | | | | |
|---|---|---|---|---|---|---|---|---|---|---|---|---|---|---|---|
| 5점 | | | | | | | | | | | | | | | |
| 1점 | | | | | | | | | | | | | | | |
| 점수 ╲ 횟수(회) | 1 | 2 | 3 | 4 | 5 | 6 | 7 | 8 | 9 | 10 | 11 | 12 | 13 | 14 | 15 |

| 10점 | | | | | | | | | | | | | | | |
|---|---|---|---|---|---|---|---|---|---|---|---|---|---|---|---|
| 5점 | | | | | | | | | | | | | | | |
| 1점 | | | | | | | | | | | | | | | |
| 점수 ╲ 횟수(회) | 1 | 2 | 3 | 4 | 5 | 6 | 7 | 8 | 9 | 10 | 11 | 12 | 13 | 14 | 15 |

# 6

## 규칙 찾기

## 꼭 알아야 할 대표 유형

**1** 무늬에서 규칙 찾기(1)

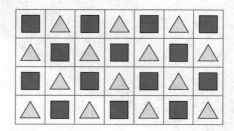

규칙 • ■, △가 반복됩니다.
• ↘ 방향으로 똑같은 모양이 반복됩니다.

**2** 무늬에서 규칙 찾기(2)

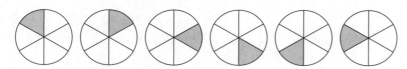

규칙 주황색으로 색칠되어 있는 부분이 시계 방향으로 돌아갑니다.

 ↷ 방향은 시계 방향이야.

 ↶ 방향은 시계 반대 방향이야.

**3** 쌓은 모양에서 규칙 찾기

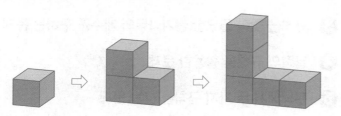

규칙 • 쌓기나무가 2개씩 늘어납니다.
• 쌓기나무가 오른쪽과 위쪽에 각각 1개씩 늘어납니다.

활용 개념

수가 늘어나는 규칙 찾기

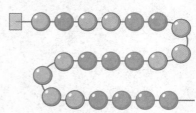

규칙 파란색, 빨간색이 각각 1개씩 늘어나며 반복됩니다.

미리보기 4-1

도형의 배열에서 규칙 찾기

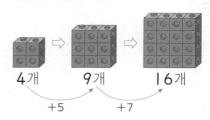

4개  9개  16개
  +5    +7

규칙 모형이 5개, 7개, 9개, ...씩 늘어납니다.

**1** 규칙을 찾아 빈칸에 알맞게 색칠해 보세요.

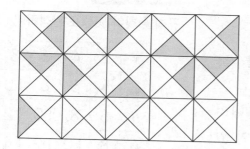

**2** 어떤 규칙에 따라 쌓기나무를 쌓은 것입니다. 쌓은 규칙을 찾아 ☐ 안에 알맞은 수를 써넣으세요.

규칙 쌓기나무의 수가 왼쪽에서 오른쪽으로 ☐ 개, ☐ 개씩 반복됩니다.

**3** 규칙에 따라 빈칸에 알맞은 모양을 그려 넣고 규칙을 써 보세요.

규칙 _____

_____

**4** 규칙을 찾아 빈칸에 알맞은 모양을 그려 넣고 색칠해 보세요.

활용 개념

**5** 초록색 구슬과 노란색 구슬을 규칙적으로 실에 꿰고 있습니다. 규칙을 찾아 ☐ 안에 알맞은 구슬의 색깔을 써 보세요.

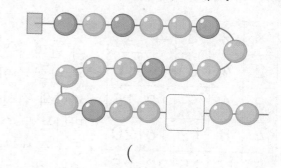

( )

**6** 규칙에 따라 쌓기나무를 쌓을 때 다음에 이어질 모양에 쌓을 쌓기나무는 모두 몇 개일까요?

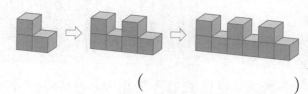

( )

## 1 덧셈표에서 규칙 찾기

| + | 1 | 2 | 3 | 4 |
|---|---|---|---|---|
| 1 | 2 | 3 | 4 | 5 |
| 2 | 3 | 4 | 5 | 6 |
| 3 | 4 | 5 | 6 | 7 |
| 4 | 5 | 6 | 7 | 8 |

**규칙**

• 같은 줄에서 오른쪽으로 갈수록 1씩 커지는 규칙이 있습니다.
• 같은 줄에서 아래쪽으로 내려 갈수록 1씩 커지는 규칙이 있습니다.
• ↙ 방향으로 같은 수들이 있습니다.

## 2 곱셈표에서 규칙 찾기

| × | 2 | 3 | 4 | 5 |
|---|---|---|---|---|
| 2 | 4 | 6 | 8 | 10 |
| 3 | 6 | 9 | 12 | 15 |
| 4 | 8 | 12 | 16 | 20 |
| 5 | 10 | 15 | 20 | 25 |

**규칙**

• 각 단의 수는 오른쪽으로 갈수록 단의 수만큼 커집니다.
• 파란색 점선을 따라 접었을 때 만나는 두 수는 서로 같습니다.
• 5단 곱셈구구는 일의 자리 숫자가 0과 5로 반복됩니다.

## 3 생활에서 규칙 찾기

• 달력에서 규칙 찾기

**5월**

| 일 | 월 | 화 | 수 | 목 | 금 | 토 |
|---|---|---|---|---|---|---|
|  | 1 | 2 | 3 | 4 | 5 | 6 |
| 7 | 8 | 9 | 10 | 11 | 12 | 13 |
| 14 | 15 | 16 | 17 | 18 | 19 | 20 |
| 21 | 22 | 23 | 24 | 25 | 26 | 27 |
| 28 | 29 | 30 | 31 |  |  |  |

**규칙** • 모든 요일은 7일마다 반복되는 규칙이 있습니다.
• 가로로 1씩, 세로로 7씩 커지는 규칙이 있습니다.

### 활용 개념 **1**

규칙을 찾아 덧셈표 완성하기

| + | 2 | 4 | 6 | 8 |
|---|---|---|---|---|
| 2 | 4 | 6 | 8 | 10 |
| 4 | 6 | 8 | 10 | 12 |
| 6 | 8 | 10 | 12 | 14 |
| 8 | 10 | 12 | 14 | 16 |

**규칙**

• 같은 줄에서 오른쪽으로 갈수록 2씩 커지고, 아래쪽으로 내려갈수록 2씩 커지는 규칙이 있습니다.
• 파란색 점선에 놓인 수는 ↘ 방향으로 갈수록 4씩 커지는 규칙이 있습니다.

### 활용 개념 **2**

달력에서 점선에 놓인 수의 규칙 찾기

**3월**

| 일 | 월 | 화 | 수 | 목 | 금 | 토 |
|---|---|---|---|---|---|---|
|  |  |  | 1 | 2 | 3 | 4 |
| 5 | 6 | 7 | 8 | 9 | 10 | 11 |
| 12 | 13 | 14 | 15 | 16 | 17 | 18 |
| 19 | 20 | 21 | 22 | 23 | 24 | 25 |
| 26 | 27 | 28 | 29 | 30 | 31 |  |

**규칙**

• 빨간색 점선에 놓인 수는 ↗ 방향으로 갈수록 6씩 커지는 규칙이 있습니다.
• 파란색 점선에 놓인 수는 ↘ 방향으로 갈수록 8씩 커지는 규칙이 있습니다.

**1** 덧셈표를 보고 노란색으로 칠해진 수의 규칙을 써 보세요.

| + | 6 | 7 | 8 | 9 |
|---|---|---|---|---|
| 6 | 12 | 13 | 14 | 15 |
| 7 | 13 | 14 | 15 | 16 |
| 8 | 14 | 15 | 16 | 17 |
| 9 | 15 | 16 | 17 | 18 |

규칙 _____

_____

**2** 곱셈표를 완성하고 ☐ 안에 알맞은 말을 써넣으세요.

| × | 3 | 4 | 5 | 6 | 7 |
|---|---|---|---|---|---|
| 3 | 9 | 12 | 15 | 18 | 21 |
| 4 | 12 | 16 | 20 | 24 | 28 |
| 5 |  |  | 25 | 30 | 35 |
| 6 |  |  |  | 36 | 42 |
| 7 |  |  |  |  | 49 |

➡ 노란색 점선을 따라 접었을 때 만나는

두 수는 서로 [        ] .

**활용 개념 ❶**

**3** 규칙을 찾아 덧셈표를 완성해 보세요.

| + | 5 | 10 | 15 | 20 |
|---|---|---|---|---|
| 5 | 10 | 15 | 20 | 25 |
| 10 |  | 20 | 25 | 30 |
| 15 |  |  |  | 35 |
| 20 |  |  |  |  |

**활용 개념 ❷**

**4** 빨간색 점선에 놓인 날짜들의 규칙을 찾아 6월의 네 번째 목요일은 며칠인지 구하세요.

| 6월 | | | | | | |
|---|---|---|---|---|---|---|
| 일 | 월 | 화 | 수 | 목 | 금 | 토 |
|  |  | 1 | 2 | 3 | 4 | 5 | 6 |
| 7 | 8 | 9 | 10 | 11 | 12 | 13 |
|  | 15 | 16 | 17 |  |  |  |

(                    )

**5** 채아네 반 학생들은 번호 순서대로 자리에 앉기로 했습니다. 채아가 앉을 자리가 다음과 같을 때 채아는 몇 번일까요?

(                    )

## 유형 ❶ 무늬에서 규칙을 찾는 문제

규칙을 찾아 빈칸에 알맞은 수를 써넣으세요.

| 1 | 2 | 3 | 2 | 1 | 2 |
|---|---|---|---|---|---|
| 3 | 2 | 1 |   |   |   |
| 1 | 2 |   |   |   |   |

**문제해결 Key**

각 모양을 각각 어떤 수로 나타냈는지 알아봅니다.

❶ 왼쪽의 무늬에서 규칙 찾기
❷ ❶의 모양을 어떤 수로 바꾸어 나타냈는지 알아보기
❸ 빈칸에 알맞은 수 써넣기

| 풀이 |

❶ 왼쪽 무늬에서 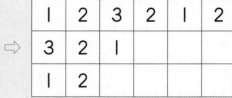 가 반복되는 규칙입니다.

❷ ❶의 규칙에 따라 ●는 ☐ , ■는 2, △는 ☐ (으)로 바꾸어 나타냈습니다.

❸ ❷의 규칙에 따라 위의 빈칸에 알맞은 수를 써넣습니다.

**1 - 1** 규칙을 찾아 빈칸에 알맞은 수를 써넣으세요.

| 3 | 3 | 2 | 5 |   |   |
|---|---|---|---|---|---|
| 2 | 5 | 3 |   |   |   |
| 3 | 3 |   |   |   |   |

**1 - 2** 규칙을 찾아 빈칸에 알맞은 모양을 그려 넣거나 수를 써넣으세요.

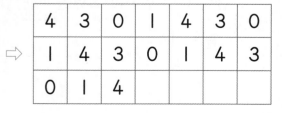

| 4 | 3 | 0 | 1 | 4 | 3 | 0 |
|---|---|---|---|---|---|---|
| 1 | 4 | 3 | 0 | 1 | 4 | 3 |
| 0 | 1 | 4 |   |   |   |   |

## 유형 ❷ 덧셈표, 곱셈표를 완성하는 문제

덧셈표를 완성해 보세요.

| + | l | | | |
|---|---|---|---|---|
| l | 2 | 4 | 6 | 8 |
| | 4 | 6 | 8 | 10 |
| | 6 | | 10 | 12 |
| | 8 | 10 | | |

### 문제해결 Key

덧셈표에서 수가 어떤 규칙으로 커지는지 알아봅니다.

❶ 덧셈표에서 규칙 찾기
❷ 덧셈표에서 규칙을 찾아 색칠한 칸에 들어갈 수 구하기
❸ 덧셈 완성하기

**| 풀이 |**

❶ 오른쪽 덧셈표를 보면 같은 줄에서 오른쪽으로 갈수록 ☐ 씩 커지고 아래쪽으로 내려갈수록 ☐ 씩 커지는 규칙이 있습니다.

| + | l | ㉠ | ㉡ | ㉢ |
|---|---|---|---|---|
| l | 2 | 4 | 6 | 8 |
| ㉣ | 4 | 6 | 8 | 10 |
| ㉤ | 6 | ㉦ | 10 | 12 |
| ㉥ | 8 | 10 | ㉧ | ㉨ |

❷ ❶의 규칙에 따라 ㉠, ㉡, ㉢에 각각 3, 5, ☐ 을/를 써넣고 ㉣, ㉤, ㉥에 각각 3, ☐, ☐ 을/를 써넣습니다.

❸ ㉦에는 5+3=☐, ㉧에는 ☐+5=☐, ㉨에는 7+☐=☐ 을/를 써넣어 위의 덧셈표를 완성합니다.

---

**2-1** 곱셈표를 완성해 보세요.

| × | 2 | | | |
|---|---|---|---|---|
| 2 | 4 | 8 | 12 | 16 |
| | 8 | 16 | 24 | |
| | 12 | | 36 | |
| | 16 | | | 64 |

6단원

규칙에 따라 쌓기나무를 쌓은 것입니다. 쌓기나무를 7층으로 쌓으려면 쌓기나무는 모두 몇 개 필요할까요?

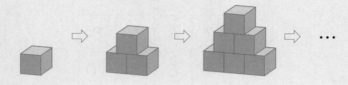

| 문제해결 Key |
|---|

쌓기나무의 층수가 늘어날수록 쌓기나무의 개수가 몇 개씩 늘어나는지 알아봅니다.

❶ 쌓기나무를 1층, 2층, 3층으로 쌓은 모양에서 쌓기나무의 개수 구하기
❷ 쌓기나무를 쌓은 규칙 찾기
❸ 필요한 쌓기나무의 개수 구하기

| 풀이 |

❶ 첫 번째: 1층으로 쌓았고 쌓은 쌓기나무는 1개입니다.

두 번째: 2층으로 쌓았고 쌓은 쌓기나무는 모두

$1+2=\boxed{\phantom{0}}$(개)입니다.

세 번째: 3층으로 쌓았고 쌓은 쌓기나무는 모두

$1+2+\boxed{\phantom{0}}=\boxed{\phantom{0}}$(개)입니다.

❷ 1층씩 늘어날 때마다 쌓기나무는 1개, 2개, $\boxed{\phantom{0}}$개, ...씩 늘어나는 규칙입니다.

❸ 쌓기나무를 7층으로 쌓으려면 쌓기나무는 모두

$1+2+3+4+5+\boxed{\phantom{0}}+\boxed{\phantom{0}}=\boxed{\phantom{0}}$(개) 필요합니다.

└→ 6층까지 쌓은 쌓기나무의 개수

답 _____

**3-1** 규칙에 따라 쌓기나무를 쌓은 것입니다. 5층으로 쌓으려면 3층으로 쌓은 것보다 쌓기나무가 몇 개 더 많이 필요할까요?

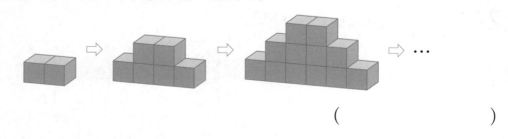

( )

## 유형 ④ 달력의 규칙을 활용한 문제

어느 해 9월 달력입니다. 다음 달의 월요일은 모두 몇 번인지 구하세요.

**9월**

| 일 | 월 | 화 | 수 | 목 | 금 | 토 |
|---|---|---|---|---|---|---|
|  |  |  |  | 1 | 2 | 3 |
| 4 | 5 | 6 | 7 | 8 | 9 | 10 |
| 11 | 12 | 13 | 14 | 15 | 16 | 17 |
| 18 | 19 | 20 | 21 | 22 | 23 | 24 |
| 25 | 26 | 27 | 28 | 29 | 30 |  |

### 문제해결 Key

10월은 31일까지 있습니다.

❶ 달력의 규칙 알아보기
❷ 10월의 월요일인 날짜 모두 찾기
❸ 10월의 월요일은 몇 번인지 세어 보기

| 풀이 |

❶ 달력에서 같은 요일은 ☐ 일마다 반복됩니다.

❷ 다음 달인 10월의 1일이 토요일이므로

월요일인 날짜를 모두 찾아 보면 3일, 3+7=☐ (일),

☐ +7=☐ (일), ☐ +7=☐ (일),

☐ +7=☐ (일)입니다.

❸ 따라서 다음 달인 10월의 월요일은 모두 ☐ 번입니다.

답 _____

**4-1**  어느 해 11월 달력입니다. 다음 달 25일은 무슨 요일일까요?

**11월**

| 일 | 월 | 화 | 수 | 목 | 금 | 토 |
|---|---|---|---|---|---|---|
|  |  |  |  | 1 | 2 | 3 | 4 |
| 5 | 6 | 7 | 8 | 9 | 10 | 11 |
| 12 | 13 | 14 | 15 | 16 | 17 | 18 |
| 19 | 20 | 21 | 22 | 23 | 24 | 25 |
| 26 | 27 | 28 | 29 | 30 |  |  |

(                    )

## 유형 5 무늬에서 두 가지 규칙을 찾는 문제

규칙에 따라 여섯째 무늬에 알맞게 색칠해 보세요.

첫째 · 둘째 · 셋째 · 넷째 · 다섯째 · 여섯째 · 일곱째

| 문제해결 Key | | 풀이 |
| --- | --- |
| 무늬에서 두 가지 규칙을 각각 찾아 봅니다. | ❶ 가운데 삼각형은 초록색, 빨간색이 반복됩니다. |
| ❶ 가운데 삼각형 색깔 알아 보기 | ⇨ 여섯째 무늬의 가운데 삼각형 색깔: ☐ |
| ❷ 보라색을 색칠해야 하는 부분 찾기 | ❷ 보라색으로 색칠된 부분은 ( 시계 방향, 시계 반대 방향 ) 으로 돌아갑니다. |
| ❸ ❶, ❷에 따라 무늬 색칠 하기 | ❸ ❶, ❷에 따라 위 무늬에 알맞게 색칠합니다. |

**5-1** 규칙을 찾아 일곱째 무늬에 알맞게 색칠해 보세요.

첫째 · 둘째 · 셋째 · 넷째 · 다섯째 · 여섯째 · 일곱째 · 여덟째

**5-2** 규칙을 찾아 일곱째 무늬에 알맞게 색칠해 보세요.

첫째 · 둘째 · 셋째 · 넷째 · 다섯째 · 여섯째 · 일곱째 · 여덟째

142 • 수학 2-2

**창의·융합** | **유형 6** 생활에서 규칙을 찾아 활용한 문제

다음은 일상 생활에서 볼 수 있는 물건입니다. 각 물건에 파란색 화살표 방향에서 찾을 수 있는 규칙이 <u>다른</u> 하나를 찾아 기호를 써 보세요.

**문제해결 Key**

파란색 화살표 방향으로 적힌 수가 몇씩 커지는지 알아봅니다.

❶ ㉠, ㉡, ㉢의 규칙 찾기
❷ 수의 규칙이 다른 하나 찾기

| 풀이 |

❶ 파란색 화살표 방향에서 규칙을 찾아봅니다.

㉠ 3, 6, 9로 ☐ 씩 커집니다.

㉡ 2, 5, 8로 ☐ 씩 커집니다.

㉢ 5, 6, 7, 8로 ☐ 씩 커집니다.

❷ 수의 규칙이 다른 하나는 ☐ 입니다.

답 _____

**6-1**

다음은 일상 생활에서 볼 수 있는 물건입니다. 각 물건에 보라색 화살표 방향에서 찾을 수 있는 규칙이 <u>다른</u> 하나를 찾아 기호를 써 보세요.

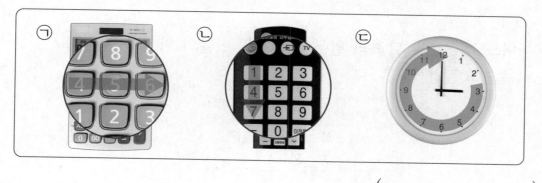

(          )

6
단원

**1** 민서는 13층에 사는 은하네 집에 가려고 합니다. 엘리베이터에서 버튼을 누르려 했으나 수가 잘 보이지 않았습니다. 민서가 눌러야 하는 버튼을 찾아 ○표 하세요.

∩유형 ❻

**2** 오른쪽 곱셈표에서 빨간색 점선을 따라 접었을 때 ㉮, ㉯와 만나는 수의 합을 구하세요.

| × | 6 | 7 | 8 | 9 |
|---|---|---|---|---|
| 6 | | | | |
| 7 | | | ㉯ | |
| 8 | | | | |
| 9 | ㉮ | | | |

(                    )

**해법 경시 유형**

**3** 어느 해 12월 달력의 일부분입니다. 이달의 마지막 날은 무슨 요일일까요?

| 12월 | | | | | | |
|---|---|---|---|---|---|---|
| 일 | 월 | 화 | 수 | 목 | 금 | 토 |
| | 1 | 2 | 3 | 4 | 5 | 6 |
| 7 | 8 | 9 | | | | |

(                    )

∩유형 ❹

**4** 덧셈표에서 규칙을 찾아 빈칸에 알맞은 수를 써넣으세요.

| + | 0 | 3 | 6 | 9 | |
|---|---|---|---|---|---|
| 0 | 0 | 3 | 6 | 9 | 12 |
| 3 | 3 | 6 | 9 | 12 | 15 |
| 6 | 6 | 9 | 12 | 15 | 18 |
| 9 | 9 | 12 | 15 | 18 | 21 |
| 2 | 12 | 15 | 18 | 21 | 24 |

| | | 27 | 30 |
|---|---|---|---|
| | 27 | 30 | |
| | 30 | 33 | |

Ω유형❷

**5** 쌓기나무를 사용하여 다음과 같은 모양을 만들려고 합니다. 쌓기나무는 모두 몇 개 필요할까요?

(            )

Ω유형❸

**6** 규칙을 찾아 알맞게 ○를 그려 넣고 색칠해 보세요.

Ω유형❺

**7** 규칙에 따라 쌓기나무를 쌓은 것입니다. 쌓기나무를 쌓은 규칙을 쓰고 빈칸에 들어갈 모양을 찾아 기호를 써 보세요.

⌒유형❺

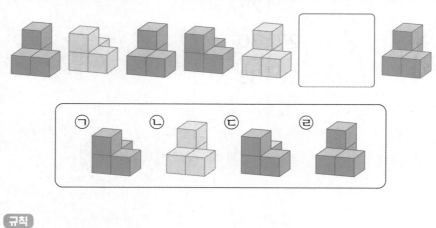

규칙

_____

_____

(          )

**창의·융합** 수학+국어

**8** 어떤 규칙에 따라 한글의 *자음자와 모음자를 쓴 것입니다. 빈칸에 들어갈 자음자와 모음자를 찾아 위부터 차례대로 써서 단어를 만들어 보세요.

*자음자: ㄱ, ㄴ, ㄷ, ㄹ, ㅁ, ㅂ, ㅅ, ㅇ, ㅈ, ㅊ, ㅋ, ㅌ, ㅍ, ㅎ, ㄲ, ㄸ, ㅃ, ㅆ, ㅉ 등

모음자: ㅏ, ㅑ, ㅓ, ㅕ, ㅗ, ㅛ, ㅜ, ㅠ, ㅡ, ㅣ, ㅐ, ㅒ, ㅔ, ㅖ, ㅘ, ㅙ, ㅚ, ㅝ, ㅞ, ㅟ, ㅢ 등

| ㅅ | ㅇ | ㅈ | ㅗ | ㅐ | ㅖ | ㅅ | ㅇ | ㅈ | ㅗ | ㅐ | ㅖ | | ㅇ |
| ㅈ | ㅗ | ㅐ | ㅖ | ㅅ | ㅇ | ㅈ | ㅗ | ㅐ | | ㅅ | ㅇ | ㅈ | ㅗ |
| ㅐ | ㅖ | ㅅ | ㅇ | | ㅗ | ㅐ | ㅖ | ㅅ | ㅇ | ㅈ | ㅗ | ㅐ | ㅖ |
| ㅅ | ㅇ | ㅈ | ㅗ | ㅐ | ㅖ | ㅅ | ㅇ | ㅈ | | ㅐ | ㅖ | ㅅ | ㅇ |
| ㅈ | ㅗ | ㅐ | ㅖ | ㅅ | | ㅈ | ㅗ | ㅐ | ㅖ | ㅅ | ㅇ | ㅈ | ㅗ |

(          )

⌒유형❶

**9** 어떤 규칙에 따라 도형을 그린 것입니다. 규칙에 맞게 빈 칸에 들어갈 모양에서 가장 안쪽에 들어가는 도형의 이름을 써 보세요.

오답 노트

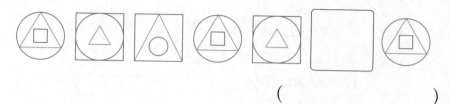

(              )

|성대 경시 유형|

**10** 보기에 적힌 수를 보고 다음과 같이 어떤 규칙으로 수를 적었습니다. 이때 ㉠, ㉡, ㉢에 알맞은 수를 각각 구하세요.

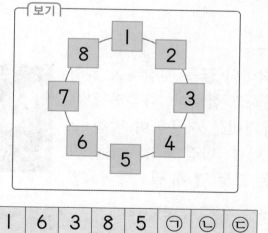

| 1 | 6 | 3 | 8 | 5 | ㉠ | ㉡ | ㉢ |

㉠ (          )

㉡ (          )

㉢ (          )

**1** 곱셈표에서 규칙을 찾아 ◆에 알맞은 수를 구하세요.

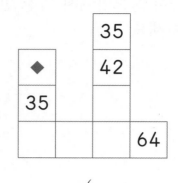

( )

창의·융합  수학+통합  ▌성대 경시 유형▐

**2** 벌이 알을 낳고 먹이와 꿀을 저장하여 생활하는 집을 벌집이라고 합니다. 다음과 같은 규칙에 따라 성냥개비를 사용하여 벌집 모양을 만들고 있습니다. 벌집 모양 9개를 만들려면 성냥개비는 모두 몇 개 필요할까요?

▲ 벌집

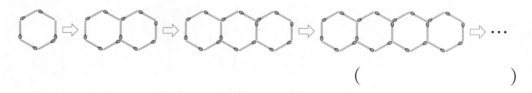

( )

**3** 어느 날 오전에 서울에서 강릉으로 가는 버스 출발 시간표입니다. 버스 출발 시간표에서 규칙을 찾아 이날 15번째 버스는 몇 시 몇 분에 출발하는지 구하세요.
(단, 7:00에 출발하는 버스가 1번째로 출발하는 버스입니다.)

| | 서울 → 강릉 | | |
|---|---|---|---|
| 출발<br>시각 | 7:00 | 7:20 | 7:40 |
| | 8:00 | 8:20 | 8:40 |
| | 9:00 | 9:20 | 9:40 |

( )

**4** 어느 달 달력이 다음과 같이 찢어졌습니다. 이달의 목요일이 5번일 때, 이달의 마지막 날이 될 수 있는 요일을 모두 찾아 써 보세요.

( )

**5** 어떤 규칙에 따라 상자를 쌓은 것입니다. 상자를 5층까지 쌓으려면 상자는 모두 몇 개 필요할까요?

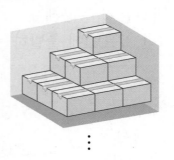

⋮

(                    )

**│성대 경시 유형│**

**6** 어느 공연장의 자리에 따른 요금입니다. 민희가 산 자리는 사열 아홉째 자리이고, 선우가 산 자리는 나열 다섯째 자리입니다. 누가 얼마 더 비싼 자리를 샀을까요? (단, 12번 자리는 나열 셋째 자리입니다.)

무대

| | | | | | | | | |
|---|---|---|---|---|---|---|---|---|
가열 | 1 | 2 | 3 | 4 | 5 | 6 | | | |
나열 | 10 | 11 | 12 | | | | | | |
다열 | | | | | | | | | |
라열 | | | | | | | | | |

⋮

| 자리 번호(번) | 요금(원) |
|---|---|
| 1~9 | 9000 |
| 10~18 | 8000 |
| 19~27 | 7000 |
| 28~36 | 6000 |
| 37~45 | 5000 |
| 46~63 | 4000 |

(                    ), (                    )

**7** 유진이는 지난 달의 달력을 찢으려다 잘못하여 여러 장을 찢었습니다. 6월 아래로 보이는 달력은 몇 월 달력일까요?

| | | | 6월 | | | |
|---|---|---|---|---|---|---|
| 일 | 월 | 화 | 수 | 목 | 금 | 토 |
| | | | | | | 1 |
| 2 | 3 | 4 | 9 | 10 | 11 | 12 |
| 13 | 14 | 15 | 16 | 17 | 18 | 19 |
| 20 | 21 | 22 | 23 | 24 | 25 | 26 |
| 27 | 28 | 29 | 30 | 31 | | |

(                    )

**8** 그림과 같은 규칙으로 상자에 색칠하고 있습니다. 색칠하는 규칙을 찾아 11번째 상자를 색칠해 보세요.

(단, 보이는 면에만 색칠하였습니다.)

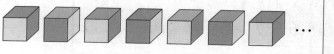  

11번째

논리 수학

# 덧셈표에서 장기말의 규칙

>> 마(馬)라고 하는 장기의 말이 있습니다. 규칙을 보고 덧셈표에서 마가 도착점까지 가장 빠른 길로 갈 때 마가 움직일 수 있는 길을 알아보세요.

규칙

[마가 움직이는 규칙]    예 마가 움직일 수 있는 길 알아보기

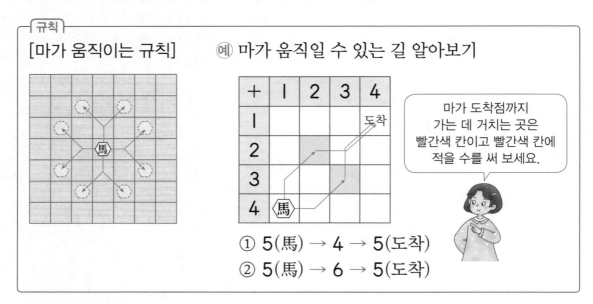

마가 도착점까지 가는 데 거치는 곳은 빨간색 칸이고 빨간색 칸에 적을 수를 써 보세요.

① 5(馬) → 4 → 5(도착)
② 5(馬) → 6 → 5(도착)

1

| + | 1 | 2 | 3 | 4 | 5 | 6 | 7 |
|---|---|---|---|---|---|---|---|
| 1 | 2 | 3 | 4 | 5 | 6 | 7 | 8 |
| 2 | 3 | 4 | 5 | 6 | 7 | 8 | 9 |
| 3 | 4 | 5 | 6 | 7 | 8 | 9 | 10 |
| 4 | 5 | 6 | 7 | 8 | 9 | 10 | 11 |
| 5 | 6 | 7 | 8 | 9 | 10 | 11 | 12 |
| 6 | 7 | 8 | 9 | 10 | 11 | 12 | 도착 |
| 7 | 馬 | 9 | 10 | 11 | 12 | 13 | 14 |

마가 굵은 선 안에서만 움직이고 되돌아가지 않아요.

① 8(馬) → 9 → ☐ → ☐ (도착)

② 8(馬) → 9 → ☐ → ☐ (도착)

# CONTENTS

# 실전 예상문제 **1**회

○ 정답 및 풀이 **59**쪽

**1** □ 안에 알맞은 수를 구하세요.

$$5 \times \boxed{\phantom{0}} = 40$$

( )

**2** 밑줄 친 숫자가 나타내는 수를 구하세요.

5_7_19

( )

**3** ㉠에 알맞은 수를 구하세요.

( )

**4** 거울에 비친 시계를 보고 □ 안에 알맞은 수를 구하세요.

8시 □분 전

( )

**5** □ 안에 알맞은 수를 구하세요.

$$2\text{시간 } 50\text{분} = \boxed{\phantom{0}}\text{분}$$

( )

**6** 다음 중에서 잘못 나타낸 것은 어느 것일까요? ······················· ( )

① 5 m=500 cm

② 124 cm=1 m 24 cm

③ 3 m 60 cm=306 cm

④ 257 cm=2 m 57 cm

⑤ 800 cm=8 m

**7** 0부터 9까지의 수 중에서 □ 안에 들어갈 수 있는 가장 작은 수를 구하세요.

$$43\square4>4365$$

(                    )

**8** 두 길이의 합은 몇 cm일까요?

4 m 18 cm, 2 m 35 cm

(                    )

**9** 어느 해 8월 달력의 일부입니다. 이 달의 셋째 토요일은 며칠일까요?

| 8월 | | | | | |
|---|---|---|---|---|---|
| 일 | 월 | 화 | 수 | 목 | 금 |
|  | 1 | 2 | 3 | 4 | 5 |

(                    )

**10** ⓛ에서 ⓒ까지의 거리는 몇 cm일까요?

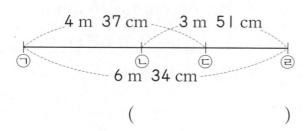

(                    )

**11** 다음과 같은 규칙으로 쌓기나무를 쌓아갈 때, 아홉째에 필요한 쌓기나무는 몇 개일까요?

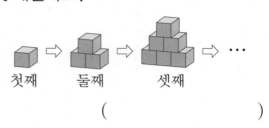

첫째    둘째    셋째

(                    )

**12** 민주네 모둠과 선우네 모둠 학생들이 모둠별 퀴즈 대항전에서 맞힌 문제의 수를 각각 그래프로 나타내려고 합니다. 민주네 모둠이 선우네 모둠보다 3문제를 더 많이 맞혔다면 하은이는 몇 문제를 맞혔을까요?

민주네 모둠 학생별 맞힌 문제 수

| 문제 수(문제) | 민주 | 윤수 | 혜영 | 진주 |
|---|---|---|---|---|
| 5 |  | ○ |  |  |
| 4 |  | ○ |  | ○ |
| 3 | ○ | ○ | ○ | ○ |
| 2 |  | ○ | ○ | ○ |
| 1 |  | ○ | ○ | ○ |

선우네 모둠 학생별 맞힌 문제 수

| 문제 수(문제) | 선우 | 용민 | 하은 | 채빈 |
|---|---|---|---|---|
| 5 |  |  |  |  |
| 4 | ○ |  |  |  |
| 3 | ○ | ○ |  |  |
| 2 | ○ | ○ |  |  |
| 1 | ○ | ○ |  | ○ |

(                    )

**13** 준서와 채영이가 오후에 책을 읽기 시작한 시각과 끝낸 시각을 나타낸 것입니다. 책을 더 오래 읽은 사람은 몇 분 동안 읽었을까요?

| | 시작한 시각 | 끝낸 시각 |
|---|---|---|
| 준서 | 3시 20분 | 4시 10분 |
| 채영 | 2시 50분 | 3시 30분 |

(                    )

**14** 뛰어 세는 규칙에 맞게 ㉠에 들어갈 수 있는 수는 모두 몇 개일까요?

| 6834 | 6844 | 6854 | ㉠ | 6934 |

(                    )

**15** 어느 해 4월 달력의 일부가 찢어졌습니다. 같은 해 6월 11일은 무슨 요일일까요?

**4월**

| 일 | 월 | 화 | 수 | 목 | 금 | 토 |
|---|---|---|---|---|---|---|
| | | 1 | 2 | 3 | 4 | 5 |
| 6 | 7 | 8 | | | | |

(                    )

**16** 도넛이 39개 있고, 도넛을 6개씩 넣을 수 있는 상자가 9개 있습니다. 상자에 도넛을 모두 채워 넣으려면 도넛은 몇 개 더 필요할까요?

(                    )

**17** 천의 자리 숫자가 6, 백의 자리 숫자가 8인 네 자리 수 중에서 6809보다 작은 수는 모두 몇 개일까요?

(            )

**18** 정아네 학교 2학년 반별 학생 수를 조사하였습니다. 2명씩 짝을 지어 자리에 앉을 때 모든 남학생과 여학생이 한 명씩 서로 짝 지어 앉을 수 있는 반은 몇 반일까요?

- 정아네 학교 2학년 학생 수는 157명입니다.
- 3반과 4반의 남학생 수는 같습니다.
- 1반 남학생 수는 2반 여학생 수보다 4명 더 적습니다.

반별 남학생 수와 여학생 수

| 반 | 1 | 2 | 3 | 4 | 5 | 합계 |
|---|---|---|---|---|---|---|
| 남학생 수(명) | | 18 | | | 17 | 81 |
| 여학생 수(명) | 16 | | 14 | 13 | 15 | |

(            )

**19** 어머니의 키는 지안이의 키보다 34 cm 더 큽니다. 지안이와 어머니의 키의 합이 296 cm라면 어머니의 키는 몇 cm일까요?

(            )

**20** 보기와 같은 규칙에 따라 ㉠과 ㉡에 알맞은 수의 합을 구하세요.

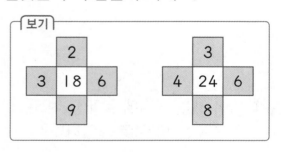

(            )

# 실전 예상문제 **2**회

점수

◎ 정답 및 풀이 **60**쪽

**1** ☐ 안에 알맞은 수를 구하세요.

$$\square \times 6 = 30$$

(                    )

**2** ☐ 안에 알맞은 수를 구하세요.

$$1\text{시간 } 35\text{분} = \square \text{분}$$

(                    )

**3** 숫자 3이 나타내는 수가 가장 큰 수를 찾아 기호를 써 보세요.

| ㉠ 2543 | ㉡ 9356 |
| ㉢ 3548 | ㉣ 5631 |

(                    )

**4** 두 길이의 합은 몇 m 몇 cm일까요?

| 2 m 50 cm | 4 m 70 cm |

(                    )

**5** 주원이네 반 학생들이 좋아하는 과일을 조사하여 그래프로 나타내었습니다. 가장 많은 학생이 좋아하는 과일은 무엇일까요?

좋아하는 과일별 학생 수

| 학생 수(명) \ 과일 | 사과 | 자두 | 딸기 | 포도 | 귤 |
|---|---|---|---|---|---|
| 5 | | | ○ | | |
| 4 | | | ○ | | ○ |
| 3 | | ○ | ○ | | ○ |
| 2 | ○ | ○ | ○ | ○ | ○ |
| 1 | ○ | ○ | ○ | ○ | ○ |

(                    )

**6** 규칙에 따라 쌓기나무를 쌓은 것입니다. 다음에 이어질 모양을 쌓으려면 쌓기나무는 모두 몇 개 필요할까요?

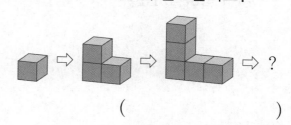

(                    )

**7** 규칙을 찾아 빈칸에 알맞은 수를 써넣으세요.

| ● | ■ | ▲ | ● | ■ |
|---|---|---|---|---|
| ▲ | ● | ■ | ▲ | ● |
| ■ | ▲ | ● | ■ | ▲ |

⇨

| 0 | 4 | 3 | 0 | 4 |
|---|---|---|---|---|
| 3 | 0 | 4 | 3 | 0 |
| 4 | 3 |   |   |   |

**8** 민주는 사탕 1000개를 한 봉지에 10개씩 담으려고 합니다. 지금까지 46봉지 담았다면 앞으로 몇 봉지를 더 담아야 할까요?

( 　　　　　　 )

**9** 어떤 수에 4를 곱해야 할 것을 잘못하여 뺐더니 4가 되었습니다. 바르게 계산하면 얼마일까요?

( 　　　　　　 )

**10** 학교에서 서점을 거쳐 집까지 가는 거리는 학교에서 집으로 바로 가는 거리보다 몇 m 몇 cm 더 멀까요?

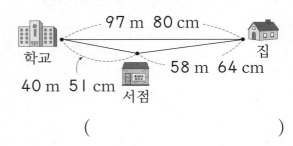

( 　　　　　　 )

**11** 하진이와 친구들이 캔 고구마 수를 조사하여 표로 나타내었습니다. 민주가 준영이보다 3개 더 많이 캤다면 은서가 캔 고구마는 몇 개일까요?

캔 고구마의 수

| 이름 | 하진 | 은서 | 민주 | 준영 | 합계 |
|---|---|---|---|---|---|
| 고구마 수(개) | 10 |  | 11 |  | 40 |

( 　　　　　　 )

**12** 어느 해 11월의 달력입니다. 같은 해 12월의 토요일인 날짜를 모두 찾아 써 보세요.

| | | | 11월 | | | |
|---|---|---|---|---|---|---|
| 일 | 월 | 화 | 수 | 목 | 금 | 토 |
| | | | 1 | 2 | 3 | 4 |
| 5 | 6 | 7 | 8 | 9 | 10 | 11 |
| 12 | 13 | 14 | 15 | 16 | 17 | 18 |
| 19 | 20 | 21 | 22 | 23 | 24 | 25 |
| 26 | 27 | 28 | 29 | 30 | | |

( )

**13** 길이가 긴 것부터 차례대로 기호를 써 보세요.

㉠ 458 cm  ㉡ 4 m 20 cm
㉢ 215 cm  ㉣ 6 m 20 cm

( )

**14** 경아네 학교 2학년의 각 반별 남학생 수와 여학생 수를 조사하여 표로 나타내려고 합니다. 남학생이 가장 적은 반을 써 보세요.

반별 남학생 수와 여학생 수

| 반 | 1 | 2 | 3 | 4 | 5 |
|---|---|---|---|---|---|
| 남학생 수(명) | | 10 | | 12 | |
| 여학생 수(명) | 11 | | 9 | | 9 |
| 합계 | 24 | 20 | 23 | 22 | 20 |

( )

**15** 곱셈표에서 점선을 따라 접었을 때 ㉮, ㉯와 만나는 수의 합을 구하세요.

| × | 5 | 6 | 7 | 8 |
|---|---|---|---|---|
| 5 | | ㉮ | | |
| 6 | | | | |
| 7 | | | | |
| 8 | | ㉯ | | |

( )

**16** 곱셈표의 일부입니다. ●와 ▲의 합을 구하세요.

| × | 5 | 6 | 7 | 8 | 9 |
|---|---|---|---|---|---|
| 3 | | | | ▲ | |
| ● | | 36 | | 48 | |

( )

**17** 오늘은 9월 23일입니다. 오늘부터 4주일 전은 몇 월 며칠일까요?

(              )

**18** 네 자리 수 ◆542와 35◆4에서 ◆는 서로 같은 수입니다. ◆가 될 수 있는 수를 모두 써 보세요.

> ◆542 < 35◆4

(              )

**19** 규칙에 따라 성냥개비를 사용하여 모양을 만들고 있습니다. 다섯 번째 모양을 만들려면 성냥개비는 모두 몇 개 필요할까요?

(              )

**20** 6장의 수 카드 중 2장을 뽑아 두 수의 곱을 구하려고 합니다. 곱의 일의 자리 수가 8이 되도록 수 카드를 뽑을 수 있는 경우는 모두 몇 가지일까요? (단, 뽑는 순서는 생각하지 않습니다.)

| 1 | 8 | 2 | 3 | 4 | 6 |

(              )

**1** 끈의 길이는 몇 m 몇 cm일까요?

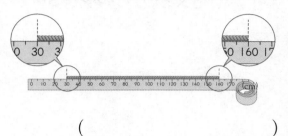

(　　　　　　)

**2** 7단 곱셈구구의 곱 중에서 일의 자리 숫자가 9인 수는 얼마일까요?

(　　　　　　)

**3** 규칙을 찾아 빈칸에 알맞게 색칠해 보세요.

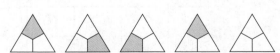

**4** 연필 가게에 연필이 3000자루 있었습니다. 이 중 1000자루를 팔았다면 남은 연필은 몇 자루일까요?

(　　　　　　)

**5** 수 카드 4장을 한 번씩만 사용하여 네 자리 수를 만들려고 합니다. 만들 수 있는 수 중에서 가장 작은 네 자리 수를 구하세요.

4　3　1　9

(　　　　　　)

**6** 덧셈표를 완성해 보세요.

| + | 2 | | | |
|---|---|---|---|---|
| 2 | 4 | 6 | 8 | 10 |
| | 6 | | 10 | 12 |
| | 8 | | | |
| | 10 | 12 | 14 | |

**7** 현빈이네 반 학생들이 좋아하는 색깔을 조사하여 표로 나타내었습니다. 표를 보고 그래프로 나타낼 때, 그래프의 가로에는 좋아하는 색깔을, 세로에는 학생 수를 나타내려고 합니다. 세로 칸은 적어도 몇 명까지 나타낼 수 있어야 할까요?

좋아하는 색깔별 학생 수

| 색깔 | 빨강 | 노랑 | 초록 | 파랑 | 합계 |
|------|------|------|------|------|------|
| 학생 수 (명) | 4 | 6 | | 3 | 20 |

(                    )

**8** 어떤 규칙에 따라 쌓기나무를 쌓은 것입니다. 쌓기나무를 6층으로 쌓으려면 쌓기나무는 모두 몇 개 필요할까요?

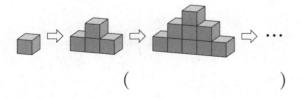

(                    )

**9** ☐ 안에 공통으로 들어갈 수 있는 수를 써 보세요.

$$5 \times 5 < \boxed{\phantom{0}}, \; 9 \times 3 > \boxed{\phantom{0}}$$

(                    )

**10** 형서네 모둠과 예진이네 모둠 학생들이 가지고 있는 사탕 수를 각각 그래프로 나타내었습니다. 형서네 모둠 학생이 예진이네 모둠 학생보다 사탕이 2개 더 많다면 진호는 사탕을 몇 개 가지고 있을까요?

형서네 모둠 학생별 가지고 있는 사탕 수

| 4 | | | | |
|---|---|---|---|---|
| 3 | ○ | | | ○ |
| 2 | ○ | ○ | | ○ |
| 1 | ○ | ○ | ○ | ○ |
| 사탕 수(개) / 이름 | 형서 | 지현 | 민기 | 지한 |

예진이네 모둠 학생별 가지고 있는 사탕 수

| 4 | | | |
|---|---|---|---|
| 3 | | | ○ |
| 2 | ○ | | ○ |
| 1 | ○ | ○ | ○ |
| 사탕 수(개) / 이름 | 예진 | 수빈 | 현준 | 진호 |

(                    )

**11** 시계의 긴바늘은 2에서 작은 눈금 1칸 더 간 곳을 가리키고, 짧은바늘은 4에 가장 가깝게 있습니다. 시계가 나타내는 시각은 몇 시 몇 분일까요?

( )

**12** 길이가 4 m 20 cm인 리본으로 다음과 같이 상자를 묶었습니다. 매듭의 길이가 40 cm라면 상자를 묶고 남은 리본은 몇 cm일까요?

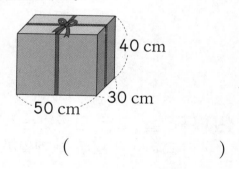

( )

**13** ☐ 안에 알맞은 수를 구하세요.

1000이 3개, 100이 12개,
10이 ☐개, 1이 35개인 수는
4285입니다.

( )

**14** 다음을 읽고 키가 가장 큰 학생의 키는 몇 cm인지 구하세요.

- 민주는 1 m 30 cm보다 5 cm 더 큽니다.
- 채은이는 민주보다 7 cm 더 작고 연석이보다 3 cm 더 큽니다.
- 호진이는 연석이보다 6 cm 더 큽니다.

( )

**15** 3과 8에 각각 같은 수를 곱해서 나온 결과를 더한 값은 33입니다. 곱한 수는 얼마일까요?

( )

**16** 어느 해 12월의 첫째 금요일은 1일입니다. 같은 달의 넷째 월요일은 며칠일까요?

( )

**17** 1시간에 3분씩 느려지는 시계가 있습니다. 이 시계의 시각을 어제 오후 5시에 정확하게 맞추었습니다. 오늘 오전 2시에 이 시계가 가리키는 시각은 오전 몇 시 몇 분일까요?

(              )

**18** 재훈이가 일주일간 매일 수학 문제를 10문제씩 풀고, 틀린 문제 수를 표로 나타내었습니다. 다음 설명을 보고 수요일에 틀린 문제는 몇 문제인지 구하세요.

요일별 틀린 문제 수

| 요일 | 월 | 화 | 수 | 목 | 금 | 토 | 일 | 합계 |
|---|---|---|---|---|---|---|---|---|
| 틀린 문제 수 (문제) | 1 | 2 | | 2 | | | 1 | 16 |

재훈이가 토요일에 틀린 문제 수는 화요일에 틀린 문제 수의 2배이고 수요일과 금요일에 틀린 문제 수는 같습니다.

(              )

**19** 연수와 동생은 길이가 410 cm인 신발장을 걸음으로 재었습니다. 연수는 신발장의 왼쪽부터 6걸음을 재고 동생은 신발장의 오른쪽부터 4걸음을 재었더니 연수와 동생의 앞쪽 발끝이 만났습니다. 연수의 한 걸음이 45 cm라면 동생의 한 걸음은 몇 cm일까요?

(              )

**20** 조건을 모두 만족하는 네 자리 수 ㉠㉡㉢㉣은 모두 몇 개일까요?

┌─ 조건 ─
- ㉠, ㉡, ㉢, ㉣은 서로 다른 숫자입니다.
- ㉢은 ㉡+8과 같습니다.
- ㉠+㉡+㉢+㉣=12

(              )

**1** 어느 해 7월 달력의 일부입니다. 이달의 셋째 목요일은 며칠일까요?

| 7 | | | | | | |
|---|---|---|---|---|---|---|
| 일 | 월 | 화 | 수 | 목 | 금 | 토 |
| | | | | 1 | 2 | 3 | 4 |
| 5 | 6 | 7 | | | | |

( )

**2** 오늘 오후에 지수, 예솔, 한빈이가 각자 집에 도착한 시각입니다. 집에 가장 늦게 도착한 학생은 누구일까요?

지수    예솔    한빈

( )

**3** 지금 시각은 오후 3시 4분입니다. 지금 시각에서 시계의 긴바늘이 3바퀴 돌았을 때 가리키는 시각은 오후 몇 시 몇 분일까요?

( )

**4** 다음 삼각형에서 가장 긴 변과 가장 짧은 변의 길이의 차는 몇 m 몇 cm일까요?

1 m 60 cm    2 m 35 cm
357 cm

( )

**5** 서현이네 반 학생들이 좋아하는 과목을 조사하여 표와 그래프로 나타내려고 합니다. 표와 그래프를 각각 완성해 보세요.

좋아하는 과목별 학생 수

| 과목 | 국어 | 수학 | 영어 | 사회 | 과학 | 합계 |
|---|---|---|---|---|---|---|
| 학생 수 (명) | 3 | | 5 | | 2 | 20 |

좋아하는 과목별 학생 수

| 6 | | | | | |
|---|---|---|---|---|---|
| 5 | | | | | |
| 4 | | | | ○ | |
| 3 | ○ | | | ○ | |
| 2 | ○ | | | ○ | |
| 1 | ○ | | | ○ | |
| 학생 수(명) / 과목 | 국어 | 수학 | 영어 | 사회 | 과학 |

**6** 승준이네 반 학생들이 좋아하는 악기를 조사하여 나타낸 그래프의 일부가 찢어졌습니다. 승준이네 반 학생들이 모두 17명일 때 드럼을 좋아하는 학생은 몇 명일까요?

좋아하는 악기별 학생 수

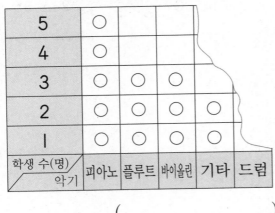

( )

**7** 민호의 저금통에는 현재 3500원이 들어 있습니다. 내일부터 매일 1000원씩 5일 동안 저금을 한다면 저금통에 들어 있는 돈은 모두 얼마가 될까요?

( )

**8** 조건 을 모두 만족하는 수를 구하세요.

조건
• 5×3보다 작습니다.
• 4단 곱셈구구의 값입니다.
• 6단 곱셈구구의 값에도 있습니다.

( )

**9** 다음은 어린이 뮤지컬 공연 포스터입니다. 어린이 뮤지컬 공연을 하는 기간은 모두 며칠일까요? (단, 중간에 쉬는 날은 없습니다.)

( )

**10** 모르는 수가 2개 적힌 5장의 수 카드 중 2장을 뽑아 두 수의 곱을 구하려고 합니다. 수연이가 만든 곱은 7이고, 지현이가 만든 곱은 0입니다. 만들 수 있는 두 수의 곱 중 가장 큰 곱을 구하세요.

2  ?  9  1  ?

( )

**11** 소정, 지연, 서준이가 고리 던지기를 하여 고리를 걸면 ○로, 걸지 못하면 ×로 나타낸 것입니다. 건 고리의 수를 표로 나타내고, 고리를 가장 많이 건 사람의 이름을 써 보세요.

고리 던지기 결과

| 횟수(회)<br>이름 | 1 | 2 | 3 | 4 | 5 | 6 | 7 |
|---|---|---|---|---|---|---|---|
| 소정 | × | ○ | ○ | × | × | ○ | ○ |
| 지연 | ○ | × | × | ○ | ○ | ○ | ○ |
| 서준 | × | ○ | ○ | × | × | × | ○ |

건 고리의 수

| 이름 | 소정 | 지연 | 서준 | 합계 |
|---|---|---|---|---|
| 고리의 수(개) | | | | |

(                    )

**12** 길이가 20 cm인 색 테이프 10장을 그림과 같이 5 cm씩 겹치게 이어 붙였습니다. 이어 붙인 색 테이프의 전체 길이는 몇 m 몇 cm일까요?

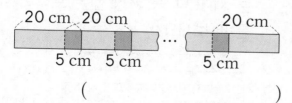

(                    )

**13** 큰 수부터 차례대로 기호를 써 보세요.

> ㉠ 오천일
> ㉡ 5200보다 100만큼 더 작은 수
> ㉢ 1000이 4개, 100이 9개, 1이 12개인 수

(                    )

**14** 보기에 적힌 수를 보고 다음과 같이 어떤 규칙으로 수를 적었습니다. 이때 ㉠에 알맞은 수를 구하세요.

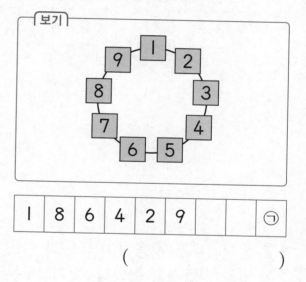

| 1 | 8 | 6 | 4 | 2 | 9 | | ㉠ |
|---|---|---|---|---|---|---|---|

(                    )

**15** 2단부터 9단까지의 곱이 16인 곱셈식은 보기와 같이 3번 나옵니다. 2단부터 9단까지의 곱이 12인 곱셈식은 몇 번 나올까요?

> 보기
> 2×8=16, 4×4=16,
> 8×2=16

(                    )

**16** 미정이네 학교 2학년 반별 학생 수를 그래프로 나타내었습니다. 은석이네 학교 2학년은 미정이네 학교 2학년보다 남학생은 4명 더 적고, 여학생은 6명 더 많습니다. 은석이네 학교 2학년은 모두 몇 명일까요?

미정이네 학교 2학년 반별 학생 수

| 12 |   | △ |   |   |   |   |
|---|---|---|---|---|---|---|
| 10 |   | △ | ○ |   | ○ | △ |
| 8 | ○ | △ | ○ | △ | ○ | △ |
| 6 | ○ |   | △ | ○ | △ |   |
| 4 | ○ |   | △ | ○ | △ |   |
| 2 | ○ | △ | ○ | △ | ○ | △ |
| 학생 수(명)／반 | 1 | | 2 | | 3 | |

○: 남학생, △: 여학생

(                          )

**17** 쌓기나무를 사용하여 다음과 같은 모양을 만들려고 합니다. 쌓기나무는 모두 몇 개 필요할까요?

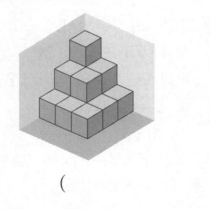

(                          )

**18** 1시간에 ㉠분씩 빨라지는 시계가 있습니다. 오늘 오전 9시에 이 시계의 시각을 정확하게 맞추었습니다. 5시간 후 이 시계가 가리키는 시각은 오후 2시 20분이었습니다. ㉠은 얼마일까요?

(                          )

**19** 다음은 주연이와 친구들이 건강 마라톤 대회에 참가하여 받은 네 자리 수의 번호입니다. 주연이의 번호가 민성이보다 작고 수진이보다 클 때 세 사람의 번호를 구하여 큰 수부터 차례대로 써 보세요.

| 이름 | 주연 | 민성 | 수진 |
|---|---|---|---|
| 번호 | ☐811 | 1☐00 | 18☐1 |

(                          )

**20** 길이가 2 m 20 cm인 색 테이프를 다음과 같이 세 도막으로 잘랐습니다. 자른 세 도막 중 가장 짧은 도막의 길이를 써 보세요.

5 cm

30 cm

(                          )

# 배움으로 행복한 내일을 꿈꾸는
# 천재교육 커뮤니티 안내

 교재 안내부터 구매까지 한 번에!
## 천재교육 홈페이지

자사가 발행하는 참고서, 교과서에 대한 소개는 물론
도서 구매도 할 수 있습니다. 회원에게 지급되는 별을 모아
다양한 상품 응모에도 도전해 보세요!

 다양한 교육 꿀팁에 깜짝 이벤트는 덤!
## 천재교육 인스타그램

천재교육의 새롭고 중요한 소식을 가장 먼저 접하고 싶다면?
천재교육 인스타그램 팔로우가 필수!
깜짝 이벤트도 수시로 진행되니 놓치지 마세요!

 수업이 편리해지는
## 천재교육 ACA 사이트

오직 선생님만을 위한, 천재교육 모든 교재에 대한 정보가 담긴
아카 사이트에서는 다양한 수업자료 및 부가 자료는 물론
시험 출제에 필요한 문제도 다운로드하실 수 있습니다.

https://aca.chunjae.co.kr

 천재교육을 사랑하는 샘들의 모임
## 천사샘

학원 강사, 공부방 선생님이시라면 누구나 가입할 수 있는 천사샘!
교재 개발 및 평가를 통해 교재 검토진으로 참여할 수 있는 기회는 물론
다양한 교사용 교재 증정 이벤트가 선생님을 기다립니다.

 아이와 함께 성장하는 학부모들의 모임공간
## 튠맘 학습연구소

튠맘 학습연구소는 초·중등 학부모를 대상으로 다양한 이벤트와 함께
교재 리뷰 및 학습 정보를 제공하는 네이버 카페입니다.
초등학생, 중학생 자녀를 둔 학부모님이라면 튠맘 학습연구소로 오세요!

천재교육

상위권 실력 완성

최고수준

꼼꼼풀이집

초등
2-2

# 꼼꼼 풀이집

## 1 네 자리 수

**1** ㄷ

**2** 예

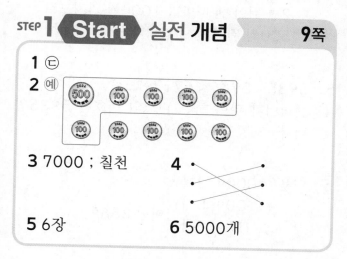

**3** 7000 ; 칠천

**4**

**5** 6장

**6** 5000개

---

**1** ㄱ, ㄴ 1000
     ㄷ 1009

**4** • 색종이는 300장이고 300보다 700만큼
     더 큰 수가 1000이므로 700과 선으로 잇
     습니다.
     • 동전은 500원이고 500보다 500만큼 더
     큰 수가 1000이므로 500과 선으로 잇습
     니다.
     • 수 모형은 400이고 400보다 600만큼 더
     큰 수가 1000이므로 600과 선으로 잇습
     니다.

**5** 6000은 1000이 6개인 수이므로 1000원
     짜리 지폐를 6장 내야 합니다.

**6** $\underline{8000-3000}=\underline{5000}$
        $8-3=5$
     ⇨ 남은 사탕은 5000개입니다.

**다른 풀이**

8000은 1000이 8개인 수이고, 3000은
1000이 3개인 수이므로 남은 사탕은 1000이
8−3=5(개)인 수입니다.
     ⇨ 1000이 5개인 수는 5000이므로
     남은 사탕은 5000개입니다.

---

**1** ④

**2**

| 수 | 읽기 |
|------|------|
| 4729 | 사천칠백이십구 |
| 8321 | 팔천삼백이십일 |
| 9016 | 구천십육 |

**3** 8166=8000+100+60+6

**4** ㄴ

**5** 5604 ; 오천육백사

**6** 7900원

---

**1** ① 35$\underline{1}$7 → 3    ② 6052 → 6
   ③ 1945 → 1    ④ 5860 → 5
   ⑤ 2534 → 2
   ⇨ 천의 자리 숫자가 5인 수는 ④ 5860입니다.

**3** 8 1 6 6
       → 천의 자리 숫자, 8000
       → 백의 자리 숫자, 100
       → 십의 자리 숫자, 60
       → 일의 자리 숫자, 6

**4** ㄱ 91$\underline{5}$7 → 7    ㄴ 7441 → 7000
   ㄷ 4078 → 70    ㄹ 1784 → 700
   ⇨ 숫자 7이 나타내는 수가 가장 큰 수는
   ㄴ 7441입니다.

**5** 1000이 3개, 100이 26개, 1이 4개인 수
   ⇨ 1000이 (3+2)개, 100이 6개, 1이 4개
   인 수
   ⇨ 5604

**6** 1000원짜리 지폐 7장 → 7000원
     500원짜리 동전 1개 →   500원
     100원짜리 동전 4개 →   400원
     _____
                   7900원
   ⇨ 지원이가 낸 돈은 모두 7900원입니다.

### STEP 1 Start 실전 개념　　　13쪽

> 1 1000 ; 10
> 2 2713, 3013, 3113
> 3 ㉡
> 4 (뛰어 센 순서대로) 8200, 8700, 9200
> 　; 500
> 5 5935
> 6 은우

1 ・↓: 천의 자리 수가 1씩 커지므로 1000씩
　　 뛰어 센 것입니다.
　・➡: 십의 자리 수가 1씩 커지므로 10씩 뛰
　　어 센 것입니다.

2 2813에서 2913으로 1번 뛰어 세어 백의 자리
　수가 1 커졌으므로 100씩 뛰어 센 것입니다.

3 ㉡ 4658>4639
　　　└5>3┘

---

4
$$\overset{\text{1000 커집니다.}}{6200-6700-7200-7700-\boxed{8200}}$$
　　　　└1000 커집니다.┘

$$-\boxed{8700}-\boxed{9200}$$

　⇨ 2번 뛰어 셀 때마다 1000씩 커지므로
　　 500씩 뛰어 센 것입니다.

5 5935<5986<6717이므로
　준혁이가 타야 하는 버스의 번호는 5935입
　니다.

6 서율: 1000이 3개┐
　　　　 100이 5개│
　　　　 10이 6개│이면 3569
　　　　　 1이 9개┘

　은우: 삼천육백구십오 → 3695
　⇨ 3569<3695이므로 더 큰 수를 말한 사람
　　 은 은우입니다.

---

### STEP 2 Jump 실전 유형　　　14~20쪽

유형① 4개

❶ 1000은 100이 10개인 수이므로
　1000원은 100원짜리 동전 $\boxed{10}$개와 같습니다.

❷ 지호는 100원짜리 동전을 6개 가지고 있으므로
　1000원이 되려면 100원짜리 동전이
　$\boxed{10}-6=\boxed{4}$(개) 더 필요합니다.

1-1 2묶음

1000은 100이 10개인 수이므로 1000장은 100장씩 10묶음과 같습니다.
재이는 색종이를 100장씩 8묶음 가지고 있으므로
1000장이 되려면 색종이가 100장씩 10-8=2(묶음) 더 필요합니다.

**1-2 55봉지**

1000은 10이 100개인 수이므로 젤리 1000개를 한 봉지에 10개씩 담으면 100봉지에 담게 됩니다.
45+55=100이므로 앞으로 55봉지를 더 담아야 합니다.

**유형❷ 3216**

❶ 3176에서 3186으로 1번 뛰어 세어 십의 자리 수가
1 커졌으므로 ⑩ 씩 뛰어 세는 규칙입니다.

❷ 3186에서 규칙에 따라 뛰어 세면
3186 − [3196] − [3206] − [3216]
⇨ ㉠= [3216]
㉠

**2-1 5093**

4493에서 4593으로 1번 뛰어 세어 백의 자리 수가 1 커졌으므로
100씩 뛰어 세는 규칙입니다.
⇨ 4793−4893−4993−5093
㉠

**2-2 ㉠ 1791,**
**   ㉡ 1786**

1789에서 1787로 2번 뛰어 세어 일의 자리 수가 2 작아졌으므로
1씩 거꾸로 뛰어 세는 규칙입니다.
⇨ 1791−1790−1789−1788−1787−1786−1785
㉠                                          ㉡

**유형❸ 2059**

❶ 수 카드의 수의 크기 비교: 0< [2] < [5] < [9]

❷ 가장 작은 네 자리 수는 높은 자리에 작은 수부터 차례대로
놓아 만듭니다. 0은 천의 자리에 올 수 없으므로 두 번째
로 작은 수인 [2] 을/를 놓은 다음 작은 수부터 차례대로
놓습니다.
⇨ 가장 작은 네 자리 수: [2059]

**3-1 8643**

수 카드의 수의 크기 비교: 8>6>4>3>0
가장 큰 네 자리 수는 높은 자리에 큰 수부터 차례대로 놓습니다.
⇨ 가장 큰 네 자리 수: 8643

**3-2 1057**

수 카드의 수의 크기 비교: 0<1<5<6<7
0은 천의 자리에 올 수 없으므로
가장 작은 네 자리 수: 1056, 두 번째로 작은 네 자리 수: 1057

**유형❹ 4개**

❶ 천의 자리 수가 같으므로 백의 자리 수를 비교하면

3>■이므로 ■에 들어갈 수 있는 수는 0, $\boxed{1}$, $\boxed{2}$ 입니다.

❷ ■=3일 때 4375>4363이므로

■에는 $\boxed{3}$ 도 들어갈 수 있습니다.

❸ ■에 들어갈 수 있는 수: 0, $\boxed{1}$, $\boxed{2}$, $\boxed{3}$

⇨ $\boxed{4}$ 개

---

**4-1 5개**

5947과 59□7의 천의 자리, 백의 자리 수가 각각 같고 일의 자리 수도 같으므로 □ 안에는 4보다 큰 수가 들어가야 합니다.

⇨ □ 안에 들어갈 수 있는 수: 5, 6, 7, 8, 9 (5개)

---

**4-2 5, 6, 7**

2781>27□6에서 □ 안에 들어갈 수 있는 수: 0, 1, 2, 3, 4, 5, 6, 7

6□25>6509에서 □ 안에 들어갈 수 있는 수: 5, 6, 7, 8, 9

⇨ □ 안에 공통으로 들어갈 수 있는 수: 5, 6, 7

---

**유형❺ 9650원**

❶ 8월부터 12월까지 1000원씩 저금하는 횟수는

8월, 9월, 10월, 11월, 12월로 모두 $\boxed{5}$ 번입니다.

❷ 4650에서 1000씩 $\boxed{5}$ 번 뛰어 세면

4650 − 5650 − 6650 − 7650 − $\boxed{8650}$ − $\boxed{9650}$
　(8월)　(9월)　(10월)　(11월)　(12월)

⇨ 12월에는 모두 $\boxed{9650}$ 원이 됩니다.

---

**5-1 7400원**

내일부터 500원씩 10일 동안 매일 저금한다면 저금하는 횟수는 10번입니다.

2400에서 500씩 10번 뛰어 세면

2400 − 2900 − 3400 − 3900 − 4400 − 4900 − 5400 − 5900 − 6400
　(1일)　(2일)　(3일)　(4일)　(5일)　(6일)　(7일)　(8일)

− 6900 − 7400
　(9일)　(10일)

⇨ 저금통에 들어 있는 돈은 모두 7400원이 됩니다.

---

**5-2 10월**

3900부터 8900이 될 때까지 1000씩 뛰어 셉니다.

3900 − 4900 − 5900 − 6900 − 7900 − 8900
　(5월)　(6월)　(7월)　(8월)　(9월)　(10월)

⇨ 저금한 돈이 8900원이 되는 달은 10월입니다.

**유형 ⑥** 3210

❶ 첫 번째 조건에서

3000보다 크고 4000보다 작으므로 천의 자리 숫자는

$\boxed{3}$ 입니다.

❷ 두 번째, 세 번째, 네 번째 조건에서

천의 자리 숫자부터 일의 자리 숫자까지 계속 작아져야

하므로 백의 자리 숫자는 $\boxed{2}$, 십의 자리 숫자는 $\boxed{1}$,

일의 자리 숫자는 $\boxed{0}$ 입니다.

❸ 조건을 모두 만족하는 네 자리 수: $\boxed{3210}$

**6-1** 4개

첫 번째 조건에서

4000보다 크고 5000보다 작으므로 천의 자리 숫자는 4입니다.

두 번째 조건에서

백의 자리 숫자와 일의 자리 숫자가 같은 수는

40□0, 41□1, 42□2, 43□3, 44□4, 45□5, 46□6, 47□7, 48□8,

49□9입니다.

세 번째 조건에서

십의 자리 숫자는 백의 자리 숫자와 일의 자리 숫자의 합이므로 조건을 만족하

는 수는 4121, 4242, 4363, 4484로 모두 4개입니다.

┌ 주의 ─────────────────────────────────
│ 40□0에서 세 번째 조건을 만족하는 4000은 첫 번째 조건에 맞지 않습니다.
└─────────────────────────────────────

**유형 ⑦** 1611

❶ M=1000, D=$\boxed{500}$, C=$\boxed{100}$, X=$\boxed{10}$,

I=$\boxed{1}$ 을/를 나타냅니다.

❷ MDCXI

$=1000+\boxed{500}+\boxed{100}+\boxed{10}+\boxed{1}$

$=\boxed{1611}$

**7-1** 1165

M=1000, C=100, L=50, X=10, V=5를 나타내므로

MCLXV=1000+100+50+10+5=1165를 나타냅니다.

**7-2** 4900원

| | | |
|---|---|---|
| 1000원짜리 지폐 | 2장 → | 2000원 |
| 500원짜리 동전 | 3개 → | 1500원 |
| 100원짜리 동전 | 12개 → | 1200원 |
| 50원짜리 동전 | 4개 → | 200원 |

4900원

**1**　300원

100원짜리 동전 10개는 1000원이므로 준혁이는 1000원을, 100원짜리 동전 7개는 700원이므로 혜지는 700원을 모았습니다.
⇨ 1000은 700보다 300만큼 더 큰 수이므로 준혁이는 혜지보다 300원 더 많이 모았습니다.

**2**　45

㉠은 50을, ㉡은 5를 나타내므로 ㉠－㉡＝50－5＝45

**3**　8441 ; 1004

수 카드의 수의 크기 비교: 8＞4＝4＞1＞0＝0
⇨ 만들 수 있는 가장 큰 네 자리 수는 8441이고, 가장 작은 네 자리 수는 1004입니다.

**4**　6

| 1000이 | 4개 → | 4000 |
| 10이 | 27개 → | 270 |
| 1이 | 2개 → | 2 |

4272

⇨ 4872는 4272보다 600만큼 더 큰 수이므로 100이 ☐개인 수는 600입니다. 따라서 ☐ 안에 알맞은 수는 6입니다.

**5**　5977

천의 자리 숫자가 5이고, 일의 자리 숫자가 7인 네 자리 수: 5☐☐7
⇨ 5☐☐7인 수 중에서 가장 큰 수는 5⑨⑨7이고 두 번째로 큰 수는 5⑨⑧7이므로 세 번째로 큰 수는 5⑨⑦7입니다.

**6**　9000장

| 1000장씩 | 4상자 → | 4000장 |
| 100장씩 | 50상자 → | 5000장 |

9000장

⇨ 만든 독도 안내 지도는 모두 9000장입니다.

**7**　㉠, ㉢, ㉡

| ㉠ 1000이 | 5개 → | 5000 |
| 100이 | 11개 → | 1100 |
| 1이 | 15개 → | 15 |

6115

㉡ 5800보다 100만큼 더 큰 수 → 5900
㉢ 육천백오 → 6105
⇨ ㉠(6115)＞㉢(6105)＞㉡(5900)

**8** 7897

어떤 수는 8197에서 50씩 거꾸로 6번 뛰어 센 수와 같습니다.
8197-8147-8097-8047-7997-7947- 7897 이므로
어떤 수는 7897입니다.

**9** 5개

7268과 7315 사이에 있는 네 자리 수이므로 천의 자리 숫자는 7이고,
백의 자리 숫자는 2, 3이 될 수 있습니다.
이 중 일의 자리 숫자가 9인 수는 72☐9, 73☐9입니다.
72☐9일 때 ☐ 안에는 6, 7, 8, 9가 들어갈 수 있고,
73☐9일 때 ☐ 안에는 0이 들어갈 수 있습니다.
⇨ 조건을 만족하는 네 자리 수는 모두 4+1=5(개)입니다.

**10** 8, 9

천의 자리 숫자가 ★, 7이므로 ★에 7, 8, 9를 넣어 ★753>7★58을 만족
하는 수를 찾습니다.
★=7일 경우: 7753<7758 (×)
★=8일 경우: 8753>7858 (○)
★=9일 경우: 9753>7958 (○)
⇨ ★이 될 수 있는 수: 8, 9

**11** 4가지

5000, 4000, 3000, 2000, 1000은 각각 1000이 5개, 4개, 3개, 2개,
1개인 수입니다.
• 1000의 수의 합이 1+4=5(개)인 경우:
   가와 라, 라와 바 → 2가지
• 1000의 수의 합이 2+3=5(개)인 경우:
   나와 다, 나와 마 → 2가지
⇨ 머리핀 2개를 사는 방법은 모두 4가지입니다.

**12** 3773

3000보다 크고 4000보다 작은 수이므로 천의 자리 숫자는 3입니다.
앞의 숫자부터 읽거나 뒤의 숫자부터 읽어도 같은 수이므로 천의 자리 숫자와
일의 자리 숫자가 같고 백의 자리 숫자와 십의 자리 숫자가 같습니다.
3☐☐3에서 각 자리 숫자의 합이 20이므로
3+☐+☐+3=20, ☐+☐=14, ☐=7
⇨ 조건을 모두 만족하는 네 자리 수: 3773

> **참고**
> 앞의 숫자부터 읽거나 뒤의 숫자부터 읽어도 같은 네 자리 수는 ■▲▲■입니다.

**13** 33개

- □000인 경우: □ 안에는 1, 2, 3, 4, 5, 6이 들어갈 수 있으므로 모두 6개입니다.
- 0□00인 경우: □ 안에는 1, 2, 3, 4, 5, 6, 7, 8, 9가 들어갈 수 있으므로 모두 9개입니다.
- 00□0인 경우: □ 안에는 1, 2, 3, 4, 5, 6, 7, 8, 9가 들어갈 수 있으므로 모두 9개입니다.
- 000□인 경우: □ 안에는 1, 2, 3, 4, 5, 6, 7, 8, 9가 들어갈 수 있으므로 모두 9개입니다.

⇨ 6+9+9+9=33(개)

┌주의─────────────
│ 번호판은 0도 천의 자리에 올 수 있습니다.
└──────────────────

**14** 9일째

500은 300보다 200만큼 더 큰 수이므로 하루에 물통을 200개씩 사용한 것과 같습니다.

2100에서 200씩 거꾸로 뛰어 세면

2100 − 1900 − 1700 − 1500 − 1300 − 1100 − 900 − 700 − 500
　　　 (1일째) (2일째) (3일째) (4일째) (5일째)(6일째)(7일째)(8일째)

이고 500개를 9일째에 사용하면 처음으로 창고에 있는 물통을 모두 사용하게 됩니다.

**15** 16개

- 한 자리 수: 7, 9 → 2개
- 두 자리 수: 77, 79, 97, 99 → 4개
- 세 자리 수: 777, 779, 797, 977, 799, 979, 997, 999 → 8개
- 네 자리 수: 7777, 7779, 7797, 7977, 9777, 7799, 7979, 7997, 9779, 9797, 9977, 7999, 9799, 9979, 9997, 9999 → 16개

## STEP 4 Top 최고 수준　　　　　　　　　　　　　　26~29쪽

**1** 7509, 7905, 9507, 9705

❶ 6000보다 큰 수이므로 천의 자리 숫자는 7과 9가 될 수 있습니다.
❷ · 7□0□인 수: 7509, 7905
　 · 9□0□인 수: 9507, 9705

|문제해결 Key| ❶ 천의 자리 숫자가 될 수 있는 수 알아보기 → ❷ 조건을 만족하는 네 자리 수 모두 구하기

**2** 29개

❶ 1000원짜리 지폐  2장 → 2000원

　　500원짜리 동전  1개 →  500원

　　10원짜리 동전 40개 →  400원

　　　　　　　　　　　　　2900원

❷ 2900은 100이 29개인 수이므로 2900원을 100원짜리 동전으로 모두 바꾸면 29개가 됩니다.

|문제해결 Key| ❶ 서준이가 가지고 있는 돈 구하기 → ❷ ❶에서 구한 돈을 100원짜리 동전으로 모두 바꾸면 몇 개인지 구하기

**3** 16가지

❶ 천의 자리, 백의 자리 수가 각각 같고 ㉠6>8㉡이므로 ㉠이 될 수 있는 수는 8, 9입니다.

❷ • ㉠=9이면 ㉡은 0부터 9까지의 수가 들어갈 수 있습니다.

　　(㉠, ㉡)으로 나타내면 (9, 0), (9, 1), (9, 2), (9, 3), (9, 4), (9, 5), (9, 6), (9, 7), (9, 8), (9, 9) → 10가지

　• ㉠=8이면 ㉡은 0부터 5까지의 수가 들어갈 수 있습니다.

　　(㉠, ㉡)으로 나타내면 (8, 0), (8, 1), (8, 2), (8, 3), (8, 4), (8, 5)

　　→ 6가지

❸ 10+6=16(가지)

|문제해결 Key| ❶ ㉠이 될 수 있는 수 알아보기 → ❷ ❶에서 구한 ㉠에 따라 ㉡이 될 수 있는 수를 (㉠, ㉡)으로 모두 나타내기 → ❸ ❷에서 구한 가짓수 구하기

**4** 8169, 8168, 8076

❶ 8□76<□168<816□이므로 성재의 번호는 8168이고

8□76<8168에서 엄마의 번호는 8076이며

8168<816□에서 □는 8보다 큰 수이므로 아빠의 번호는 8169입니다.

❷ 세 사람의 번호를 구하여 큰 수부터 차례대로 쓰면 8169, 8168, 8076입니다.

|문제해결 Key| ❶ 세 수의 크기를 비교하여 각 수를 구하기 → ❷ ❶에서 구한 수를 큰 수부터 차례대로 쓰기

**5** 수첩

공책과 수첩을 각각 7000원이 넘을 때까지 한 권의 금액만큼씩 뛰어 세어 봅니다.

❶ 공책의 경우: 1200에서 1200씩 뛰어 세면

　　　　　　　1200−2400−3600−4800−6000−7200이므로

　　　　　　　7000원에 적어도 200원이 더 있어야 돈을 남기지 않고

　　　　　　　공책을 살 수 있습니다.

❷ 수첩의 경우: 1600에서 1600씩 뛰어 세면

　　　　　　　1600−3200−4800−6400−8000이므로

　　　　　　　7000원에 적어도 1000원이 더 있어야 돈을 남기지 않고

　　　　　　　수첩을 살 수 있습니다.

❸ 200<1000이므로 필요한 돈이 더 많은 것은 수첩입니다.

|문제해결 Key| ❶ 공책의 금액이 7000원이 넘을 때까지 뛰어 세어 보고 더 필요한 금액 구하기 → ❷ 수첩의 금액이 7000원이 넘을 때까지 뛰어 세어 보고 더 필요한 금액 구하기 → ❸ 필요한 돈이 더 많은 학용품 알아보기

**6** 3207

❶ 어떤 수는 3567에서 100씩 거꾸로 4번 뛰어 센 수와 같습니다.
3567−3467−3367−3267−3167이므로 어떤 수는 3167입니다.

❷ 3167에서 10씩 4번 뛰어 센 수는
3167−3177−3187−3197−3207이므로
바르게 뛰어 센 수는 3207입니다.

|문제해결 Key| ❶ 어떤 수 구하기 → ❷ 바르게 뛰어 센 수 구하기

**7** 6개

❶ ㉢=㉠+7이므로 ㉠=1일 때 ㉢=8, ㉠=2일 때 ㉢=9입니다.

❷ ㆍ㉠=1, ㉢=8일 때
세 번째 조건에서 1+㉡+8+㉣=14, ㉡+㉣=5이므로
1085, 1283, 1382, 1580 → 4개

ㆍ㉠=2, ㉢=9일 때
세 번째 조건에서 2+㉡+9+㉣=14, ㉡+㉣=3이므로
2093, 2390 → 2개

❸ 4+2=6(개)

|문제해결 Key| ❶ ㉠과 ㉢이 될 수 있는 수 각각 알아보기 → ❷ ❶에서 구한 경우에 따라 조건을 만족하는 네 자리 수 알아보기 → ❸ 조건을 만족하는 네 자리 수의 개수 구하기

**8** 10가지

❶ 1000원짜리 지폐를 3장, 2장, 1장 사용하는 경우와 사용하지 않는 경우로 나누어 알아봅니다.

| 1000원짜리 지폐 | 3장 | 2장 | 2장 | 2장 | 1장 | 1장 | 1장 | 1장 | ㆍ | ㆍ |
|---|---|---|---|---|---|---|---|---|---|---|
| 500원짜리 동전 | ㆍ | 2개 | 1개 | ㆍ | 4개 | 3개 | 2개 | 1개 | 4개 | 3개 |
| 100원짜리 동전 | ㆍ | ㆍ | 5개 | 10개 | ㆍ | 5개 | 10개 | 15개 | 10개 | 15개 |

❷ 돈을 낼 수 있는 방법은 모두 10가지입니다.

|문제해결 Key| ❶ 1000원짜리 지폐를 3장, 2장, 1장 사용하는 경우와 사용하지 않는 경우로 나누어 알아보기 → ❷ 돈을 낼 수 있는 방법의 가짓수 구하기

**9** 20개

❶ ㆍ천 모형이 4개인 경우: 4000 → 1개

ㆍ천 모형이 3개인 경우: 3001, 3010, 3100 → 3개

ㆍ천 모형이 2개인 경우: 2002, 2020, 2200, 2011, 2101, 2110
→ 6개

ㆍ천 모형이 1개인 경우: 1003, 1030, 1300, 1012, 1021, 1102,
1201, 1120, 1210, 1111 → 10개

❷ 수 모형 4개로 나타낼 수 있는 네 자리 수는 모두 1+3+6+10=20(개)입니다.

|문제해결 Key| ❶ 천 모형이 4개, 3개, 2개, 1개인 경우 각각 알아보기 → ❷ 수 모형 4개로 나타낼 수 있는 네 자리 수의 개수 구하기

**10** 303번

❶ • 0을 1번 쓰는 경우
  ① 일의 자리에만 쓰는 경우: 2110, 2120, …, 2190 / 2210, 2220, …, 2290 / … / 2910, 2920, …, 2990 → 81번
  ② 십의 자리에만 쓰는 경우: 2101, 2102, …, 2109 / 2201, 2202, …, 2209 / … / 2901, 2902, …, 2909 → 81번
  ③ 백의 자리에만 쓰는 경우: 2011, 2012, …, 2019 / 2021, 2022, …, 2029 / … / 2091, 2092, …, 2099 → 81번
❷ • 0을 2번 쓰는 경우: 2100, 2200, …, 2900 → 18번
  2010, 2020, …, 2090 → 18번
  2001, 2002, …, 2009 → 18번
• 0을 3번 쓰는 경우: 2000, 3000 → 6번
❸ 81+81+81+18+18+18+6=303(번)

**| 문제해결 Key |** ❶ 일의 자리, 십의 자리, 백의 자리에만 0을 1번 쓰는 경우는 각각 몇 번인지 알아보기 → ❷ 0을 2번, 3번 쓰는 경우는 각각 몇 번인지 알아보기 → ❸ ❶과 ❷에서 구한 경우가 모두 몇 번인지 구하기

**1
단원**

**논리 수학**

## 창문 열기

≫ 비밀번호 퍼즐을 맞추어 창문을 열려고 합니다. 보기와 같은 방법으로 퍼즐의 빈칸에 알맞은 수를 써넣으세요.

**보기**

**비밀번호의 힌트**
1. 가로줄이나 세로줄에 순서에 상관없이 줄의 양 끝에 있는 수의 사이의 수가 한 번씩만 들어갑니다.
2. 각 줄에는 서로 다른 수가 들어가야 합니다.

비밀번호의 힌트에 맞도록 비밀번호를 알아봅니다.

• 첫 번째 가로줄에서 양 끝에 있는 수가 2, 5이므로 그 사이에는 3, 4 가 들어갈 수 있습니다.
• 두 번째 가로줄에서 양 끝에 있는 수가 1, 4이므로 그 사이에는 2, 3 이 들어갈 수 있습니다.
• 세로줄에 들어갈 수도 같은 수가 있으면 안 되므로 빈칸에는 다음과 같이 수가 들어가야 합니다.

❶
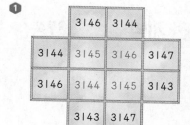

 가로줄에 놓을 수와 세로줄에 놓을 수를 함께 생각해야 해요.

❷
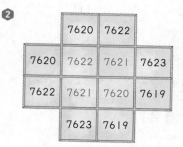

# 2 곱셈구구

## STEP 1 Start 실전 개념 35쪽

1 6, 14, 16　　2 24
3 ④　　4 7
5 5개　　6 석진

**3** ① 5×2=10　② 5×4=20
③ 5×5=25　⑤ 5×9=45

다른 풀이
5단 곱셈구구의 값의 일의 자리 숫자는 5 또는
0입니다.
⇨ 5단 곱셈구구의 값이 아닌 수는 ④ 34입니다.

**4** 5단 곱셈구구를 외워 보면 5×7=35이므로
□=7입니다.

**5** 3×2=6, 3×5=15, 3×6=18,
3×7=21, 3×8=24
⇨ 5개

**6** 석진: 구슬의 수는 3×3에 3을 더해서 구할
　　　 수 있습니다.

## STEP 1 Start 실전 개념 37쪽

1 12, 16, 28, 36
2 16, 32, 48
3 (선으로 교차 연결)

**4**
| 1 | 2 | 3 | ④ | 5 |
| 6 | 7 | ⑧ | 9 | 10 |
| 11 | ⑫ | 13 | 14 | 15 |
| ⑯ | 17 | 18 | 19 | ⑳ |
| 21 | 22 | 23 | ㉔ | 25 |

5 8, 7, 2　　6 81

**5** 곱하는 자리에 수 카드의 수를 하나씩 넣어 가
며 나머지 수 카드로 곱을 만들 수 있는지 알
아봅니다.

**6** 9×9=81 ⇨ 일의 자리 숫자: 1

다른 풀이
9단 곱셈구구의 값의 각 자리 숫자를 모두 더
하면 9가 됩니다.
9단 곱셈구구의 값의 십의 자리 숫자를 □라
고 하면 □+1=9 → □=8
⇨ 81

## STEP 1 Start 실전 개념 39쪽

**1**
| × | 4 | 5 | 6 | 7 | 8 |
|---|---|---|---|---|---|
| 4 | 16 | 20 | 24 | 28 | 32 |
| 5 | 20 | 25 | 30 | 35 | 40 |
| 6 | 24 | 30 | 36 | 42 | 48 |
| 7 | 28 | 35 | 42 | 49 | 56 |
| 8 | 32 | 40 | 48 | 56 | 64 |

2 0, 5 ; 5, 7　　3 1 ; 0
4 ㉣　　5 30개
6 23자루

**2** 혜지: 7×5와 5×7은 곱이 35로 같습니다.

**3**
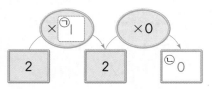

2×㉠=2 ⇨ ㉠=1
2×0=㉡ ⇨ ㉡=0

**4** ㉠ 1×0=0 ⇨ □=0
㉡ 0×8=0 ⇨ □=0
㉢ 0×6=0 ⇨ □=0
㉣ 1×5=5 ⇨ □=1

**5** (달걀판에 담은 달걀의 수)=6×5=30(개)

**6** 7자루의 4배 → 7×4=28(자루)
⇨ (우성이가 가지고 있는 연필의 수)
　＝28−5=23(자루)

**유형① 27장**

❶ 세잎클로버의 잎: 3장씩 5개이므로 $3 \times 5 = \boxed{15}$(장)

❷ 네잎클로버의 잎: 4장씩 3개이므로 $4 \times 3 = \boxed{12}$(장)

❸ 유라가 주운 클로버의 잎: $15 + \boxed{12} = \boxed{27}$(장)

**1-1 30개**

(세발자전거의 바퀴 수)$= 3 \times 2 = 6$(개)
(네발자전거의 바퀴 수)$= 4 \times 6 = 24$(개)
⇨ $6 + 24 = 30$(개)

**1-2 31개**

(삼각형의 변의 수)$= 3 \times 5 = 15$(개)
(사각형의 변의 수)$= 4 \times 4 = 16$(개)
(원의 변의 수)$= 0 \times 7 = 0$(개)
⇨ $15 + 16 + 0 = 31$(개)

**유형② 28**

❶ 어떤 수를 ■라 하면
　■$+7 = 11$, $11 - 7 = $■, ■$= \boxed{4}$ 입니다.

❷ 바르게 계산하면 $\boxed{4} \times 7 = \boxed{28}$ 입니다.

**2-1 24**

어떤 수를 □라 하면
$\square - 3 = 5$, $5 + 3 = \square$, $\square = 8$입니다.
⇨ 바르게 계산하면 $8 \times 3 = 24$입니다.

**2-2 27**

$2 \times 6 = 12$이므로 어떤 수를 □라 하면
$\square + 3 = 12$, $12 - 3 = \square$, $\square = 9$입니다.
⇨ 바르게 계산하면 $9 \times 3 = 27$입니다.

**2-3 36**

같은 두 수를 □라 하면
$\square + \square = 12 \rightarrow 6 + 6 = 12$이므로 $\square = 6$입니다.
⇨ 바르게 계산하면 $6 \times 6 = 36$입니다.

**유형❸ 11점**

❶ (0점짜리를 맞혀서 얻은 점수)$= 0 \times 2 = \boxed{0}$(점)

　(1점짜리를 맞혀서 얻은 점수)$= 1 \times 5 = \boxed{5}$(점)

　(2점짜리를 맞혀서 얻은 점수)$= 2 \times 3 = \boxed{6}$(점)

❷ (준혁이가 얻은 점수)$= \boxed{0} + \boxed{5} + \boxed{6} = \boxed{11}$(점)

**2**
단원

**3-1** 21점

(0점짜리를 맞혀서 얻은 점수)=0×1=0(점)
(1점짜리를 맞혀서 얻은 점수)=1×3=3(점)
(3점짜리를 맞혀서 얻은 점수)=3×6=18(점)
⇨ (희원이가 얻은 점수)=0+3+18=21(점)

**3-2** 31점

(0점짜리를 맞혀서 얻은 점수)=0×2=0(점)
(3점짜리를 맞혀서 얻은 점수)=3×3=9(점)
(4점짜리를 맞혀서 얻은 점수)=4×3=12(점)
(5점짜리를 맞혀서 얻은 점수)=5×2=10(점)
⇨ (규리가 얻은 점수)=0+9+12+10=31(점)

**유형❹** 56

❶ 수 카드의 수의 크기 비교: 8 > 7 > 3 > 0
❷ (가장 큰 곱)=(가장 큰 수)×(두 번째로 큰 수)
　　　　　=8× 7 = 56

**4-1** 6

수 카드의 수의 크기 비교: 2<3<4<6
(가장 작은 곱)=(가장 작은 수)×(두 번째로 작은 수)=2×3=6

**4-2** 48

수 카드의 수의 크기 비교: 9>7>6>5>3
(가장 큰 곱)=(가장 큰 수)×(두 번째로 큰 수)=9×7=63
(가장 작은 곱)=(가장 작은 수)×(두 번째로 작은 수)=3×5=15
⇨ 63−15=48

**유형❺** 1, 2, 3

❶ 7×3= 21
❷ ■=1일 때 6×1= 6 ⇨ 6 < 21
　 ■=2일 때 6×2= 12 ⇨ 12 < 21
　 ■=3일 때 6×3= 18 ⇨ 18 < 21
　 ■=4일 때 6×4= 24 ⇨ 24 > 21
　　　　⋮
❸ ■에 들어갈 수 있는 수: 1, 2, 3

**5-1** 3개

5×9=45
□=9일 때 7×9=63 ⇨ 63 > 45
□=8일 때 7×8=56 ⇨ 56 > 45
□=7일 때 7×7=49 ⇨ 49 > 45
□=6일 때 7×6=42 ⇨ 42 < 45
　　⋮
⇨ □ 안에 들어갈 수 있는 수: 9, 8, 7(3개)

**5-2** 29

- 6×5=30이므로 30>□에서 □=**29**, 28, 27, ...
- 7×4=28이므로 28<□에서 □=**29**, 30, 31, ...
⇨ □ 안에 공통으로 들어갈 수 있는 수: 29

**유형⑥** 8

❶ 방법 1 에서

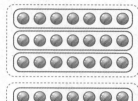

7×5는 7×3과 7×$\boxed{2}$을/를
더해서 계산할 수 있습니다.
⇨ ●=$\boxed{2}$

❷ 방법 2 에서

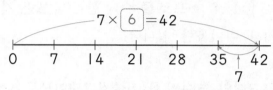

$7 \times \boxed{6} = 42$

| | | | | | | |
0　7　14　21　28　35　42
　　　　　　　　　7

7×5는 7×$\boxed{6}$에서 7을 빼서 계산할 수 있습니다.
⇨ ■=$\boxed{6}$

❸ ●+■=$\boxed{2}$+$\boxed{6}$=$\boxed{8}$

**6-1** 14

방법 1 에서 9×6은 9씩 6번 더해서 계산할 수 있으므로 ●=6
방법 2 에서 9×6은 9×5에 9를 더해서 계산할 수 있으므로 ▲=5
방법 3 에서

9×6은 9×3을 2번 더해서 계산할 수 있으므로 ■=3

⇨ ●+▲+■=6+5+3=14

**유형⑦** 12

❶ 8×3=$\boxed{24}$보다 작은 수 중 4단 곱셈구구의 값은
4, 8, $\boxed{12}$, $\boxed{16}$, $\boxed{20}$입니다.

❷ ❶에서 찾은 수 중 6단 곱셈구구의 값에도 있는 수는
$\boxed{12}$입니다.

❸ 조건을 모두 만족하는 수: $\boxed{12}$

**7-1** 18

7×4=28보다 작은 수 중 6단 곱셈구구의 값은 6, 12, 18, 24입니다.
이 중에서 9단 곱셈구구의 값에도 있는 수는 18입니다.
➡ 조건을 모두 만족하는 수: 18

**7-2** 3개

2×5=10보다 크고 4×9=36보다 작은 수 중 4단 곱셈구구의 값은
12, 16, 20, 24, 28, 32입니다.
이 중에서 8단 곱셈구구의 값에도 있는 수는 16, 24, 32로 모두 3개입니다.

**유형❽ 기타**

❶ 기타 5대의 줄 수의 합:
  6줄씩 5대이므로 6×5= 30 (줄)
❷ 바이올린 7대의 줄 수의 합:
  4줄씩 7대이므로 4×7= 28 (줄)
❸ 30 > 28 이므로 줄 수의 합이 더 많은 것은
  ( 기타 , 바이올린 )입니다.

**8-1** 거문고

거문고 3대의 줄 수의 합: 6줄씩 3대이므로 6×3=18(줄)
해금 8대의 줄 수의 합: 2줄씩 8대이므로 2×8=16(줄)
➡ 18>16이므로 거문고의 줄 수의 합이 더 많습니다.

---

## STEP3 Master 심화 유형 48~53쪽

**1** ㉣, ㉠, ㉡, ㉢

㉠ 3×7=21  ㉡ 4×5=20  ㉢ 9×2=18  ㉣ 6×7=42
➡ 42>21>20>18이므로 ㉣>㉠>㉡>㉢입니다.

**2** 28조각

자른 색종이는 한 장에 4조각씩 7장이므로 모두 4×7=28(조각)이 됩니다.

**3** 12번

♪(8분음표)는 6개이고 도돌이표가 있으므로 되풀이하여 한 번 더 연주합니다.
➡ 6×2=12(번)

**4** 39세

9의 4배 → 9×4=36
➡ 36보다 3만큼 더 큰 수는 36+3=39이므로
  어머니의 연세는 39세입니다.

**5**  1, 2, 3

16−9=7이므로 □×2<7입니다.
⇨ 1×2=2, 2×2=4, 3×2=6, 4×2=8, ...이므로
  □ 안에 들어갈 수 있는 수는 1, 2, 3입니다.

**6**  57

• ●×5=30에서 ●×5=5×●이고 5×6=30이므로 ●=6입니다.
• 9×7=63이므로 ▲=63입니다.
⇨ ▲−●=63−6=57

**7**  28

7단 곱셈구구의 값에서 십의 자리 숫자가 20을 나타내는 수는
21, 28입니다.
⇨ 이 중에서 짝수는 28입니다.

**8**  4개, 6개

넣지 못한 화살은 개수에 상관없이 항상 0점입니다.
넣은 화살을 □개라 하면 1×□=4에서 □=4입니다.
⇨ 넣은 화살이 4개이므로
  넣지 못한 화살은 10−4=6(개)입니다.

**9**  82명

(남학생의 수)=8×5=40(명)
(여학생의 수)=7×6=42(명)
⇨ (운동장에 서 있는 학생 수)=40+42=82(명)

**10**  18점

(0을 꺼내어 얻은 점수)=0×2=0(점)
(2를 꺼내어 얻은 점수)=2×0=0(점)
(4를 꺼내어 얻은 점수)=4×3=12(점)
(6을 꺼내어 얻은 점수)=6×1=6(점)
⇨ (세진이가 얻은 점수)=0+0+12+6=18(점)

**11**  5

●+●+●+●+●=●×5
⇨ ●×5=5×●=2●이므로 ●=5입니다.

**12**  21

어떤 수를 □라 하면
□×8=56 → 7×8=56이므로 □=7입니다.
⇨ 바르게 계산하면 7×3=21입니다.

**13** 8

방법 1

$3×2$와 $5×3$을 더해서 구합니다. → ㉠$=3$

방법 2

$2×3$과 $3×5$를 더해서 구합니다. → ㉡$=5$

⇨ ㉠$+$㉡$=3+5=8$

**14** 1, 5, 6

$\underline{1×1=1}$, $2×2=4$, $3×3=9$, $4×4=16$, $\underline{5×5=25}$, $\underline{6×6=36}$,
같습니다.                 같습니다.      같습니다.

$7×7=49$, $8×8=64$, $9×9=81$

⇨ ㉠$=1, 5, 6$

**15** 12

두 수의 곱이 3이 되려면 $1×3$ 또는 $3×1$이므로 모르는 수 카드 중 한 개는 3입니다.

또 곱이 0이 되려면 곱하는 수 중 한 수가 0이므로 수 카드에 0이 있습니다.

⇨ 수 카드의 수의 크기를 비교하면 $4>3>2>1>0$이므로
가장 큰 곱은 $4×3=12$입니다.

**16** 49

20보다 크고 50보다 작은 수 중 7단 곱셈구구의 값은
21, 28, 35, 42, **49**입니다.

20보다 크고 50보다 작은 수 중 8단 곱셈구구의 값보다 1만큼 더 큰 수는
25, 33, 41, **49**입니다.

⇨ 조건을 모두 만족하는 수: 49

**17** 9마리, 7마리

닭이 8마리이면 돼지는 $16-8=8$(마리)이므로
다리 수는 $2×8=16$(개), $4×8=32$(개)

→ (다리 수의 합)$=16+32=48$(개) $(×)$

닭이 9마리이면 돼지는 $16-9=7$(마리)이므로
다리 수는 $2×9=18$(개), $4×7=28$(개)

→ (다리 수의 합)$=18+28=46$(개) $(○)$

⇨ 닭은 9마리, 돼지는 7마리입니다.

**18** 8

주머니 4개에 구슬을 9개씩 넣으면 $9×4=36$(개)이고 구슬이 7개 남았으므
로 전체 구슬은 $36+7=43$(개)입니다.

이 구슬을 주머니 5개에 ㉠개씩 넣으면 구슬이 3개 남으므로 주머니 5개에
들어 있는 구슬은 $43-3=40$(개)입니다.

⇨ $8×5=40$이므로 ㉠$=8$입니다.

**1**   42개

❶ 별 한 개를 만드는 데 성냥개비가 6개 필요합니다.
❷ 북두칠성의 별 7개를 만드는 데 성냥개비는 모두 6×7=42(개) 필요합니다.

|문제해결 Key| ❶ 별 한 개를 만드는 데 성냥개비가 몇 개 필요한지 알아보기 → ❷ 북두칠성의 별 7개를 만드는 데 성냥개비가 모두 몇 개 필요한지 구하기

**2**   3번

❶ 2×8=16, 4×4=16, 8×2=16
❷ 곱이 16인 곱셈식은 모두 3번 나옵니다.

|문제해결 Key| ❶ 곱이 16인 곱셈식 찾기 → ❷ ❶의 수 구하기

**3**   14

❶ 차가 4인 두 수는 (4, 0), (5, 1), (6, 2), (7, 3), (8, 4), (9, 5)입니다.
❷ 두 수의 곱을 구하면 4×0=0, 5×1=5, 6×2=12, 7×3=21, 8×4=32, 9×5=45입니다.
❸ ■=9, ●=5이므로 ■+●=9+5=14입니다.

|문제해결 Key| ❶ 차가 4인 두 수 찾기 → ❷ ❶에서 찾은 두 수의 곱 구하기 → ❸ ■+●의 값 구하기

**4**   35

❶ 20은 4×5 또는 5×4이고 28은 4×7 또는 7×4입니다.
❷ 20과 28의 곱하는 두 수 중 공통된 수가 4이므로 세로줄의 수가 4가 되도록 곱셈표를 만듭니다.

| × | ④ | 5 | 6 |
|---|---|---|---|
| 5 | 20← | | | ——5×4 |
| 6 | | 30 | |
| 7 | 28 | ㉠ | |
| | ↑ | | |
| | 7×4 | | |

❸ ㉠=7×5=35

|문제해결 Key| ❶ 20과 28은 각각 어떤 두 수의 곱으로 이루어졌는지 알아보기 → ❷ 세로줄의 수를 구하여 곱셈표 만들기 → ❸ ㉠ 구하기

**5**   54

❶ 마주 보는 두 수의 곱이 가운데 수가 되는 규칙입니다.

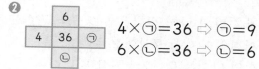

2×6=12        2×9=18        4×6=24
3×4=12        3×6=18        3×8=24

❷

| | 6 | |
|---|---|---|
| 4 | 36 | ㉠ |
| | ㉡ | |

4×㉠=36 ⇨ ㉠=9
6×㉡=36 ⇨ ㉡=6

❸ ㉠×㉡=9×6=54

|문제해결 Key| ❶ 규칙 찾기 → ❷ ㉠, ㉡ 각각 구하기 → ❸ ㉠×㉡ 구하기

$\rightarrow$ 2, 4, 6, 8, …

**6**  3가지

❶ 곱의 일의 자리 숫자가 0이 되려면 5와 **짝수**의 곱을 구해야 합니다.

❷ 만들 수 있는 곱은 5×6=30, 5×2=10, 5×8=40으로
수 카드를 **뽑을** 수 있는 경우는 모두 3가지입니다.

| 문제해결 Key | ❶ 일의 자리 숫자가 0이 되려면 5×(짝수)가 됨을 이해하기 → ❷ 경우의 수 구하기

**7**  8

❶
| 4단<br>곱셈구구 | 4×1=4 | 4×2=8 | 4×3=12 | 4×4=16 | … | 4×8=32 |
|---|---|---|---|---|---|---|
| 6단<br>곱셈구구 | 6×1=6 | 6×2=12 | 6×3=18 | 6×4=24 | … | 6×8=48 |
| 두 수의<br>합 | 10 | 20 | 30 | 40 | … | 80 |

❷ 곱한 수는 8입니다.

| 문제해결 Key | ❶ 4와 6에 각각 같은 수를 곱했을 때 두 수의 합 구하기 → ❷ 곱한 수 구하기

**8**  14개

❶ 사과의 수는 3단 곱셈구구의 값보다 2만큼 더 큽니다.
3단 곱셈구구의 값 중 25보다 작은 수는 3, 6, 9, 12, 15, 18, 21, 24
이므로 3+2=5, 6+2=8, 9+2=11, 12+2=14, 15+2=17,
18+2=20, 21+2=23, 24+2=26

❷ 사과의 수는 5단 곱셈구구의 값보다 4만큼 더 큽니다.
5단 곱셈구구의 값 중 25보다 작은 수는 5, 10, 15, 20이므로
5+4=9, 10+4=14, 15+4=19, 20+4=24

❸ 상자에 들어 있는 사과는 14개입니다.

| 문제해결 Key | ❶ 3단 곱셈구구의 값보다 2만큼 더 큰 수 알아보기 → ❷ 5단 곱셈구구의 값보다
4만큼 더 큰 수 알아보기 → ❸ 상자에 들어 있는 사과의 수 구하기

**9**  5살

❶ (2년 후 세 사람의 나이의 합)=43+2+2+2=49(살)

❷ 2년 후 서희의 나이를 □살이라고 하면 서준이의 나이는 □살,
아빠의 연세는 (□×5)세입니다.  └─ □가 7개이므로 □×7입니다.

2년 후 세 사람의 나이의 합은 □×7=49이므로 □=7입니다.

❸ 2년 후 서희의 나이는 7살이므로
올해 서희의 나이는 7−2=5(살)입니다.

| 문제해결 Key | ❶ 2년 후 세 사람의 나이의 합 구하기 → ❷ 2년 후 서희의 나이 구하기
→ ❸ 올해 서희의 나이 구하기

**10** 8개

❶ 삼각형과 사각형의 개수의 합이 가장 많으려면 삼각형을 가능한 많이 만들어야 합니다.
  · 삼각형을 8개 만들면 $3 \times 8 = 24$(개)의 성냥개비를 사용하고, 남은 성냥개비 $26 - 24 = 2$(개)는 사각형을 만들 수 없습니다.
  · 삼각형을 7개 만들면 $3 \times 7 = 21$(개)의 성냥개비를 사용하고, 남은 성냥개비 $26 - 21 = 5$(개)는 사각형 1개를 만들고 성냥개비 1개가 남습니다.
  · 삼각형을 6개 만들면 $3 \times 6 = 18$(개)의 성냥개비를 사용하고, 남은 성냥개비 $26 - 18 = 8$(개)는 사각형 2개를 만들 수 있습니다.
❷ 삼각형 6개와 사각형 2개를 만들 때 삼각형과 사각형의 개수의 합이 가장 많을 때입니다.
  ⇨ $6 + 2 = 8$(개)

│문제해결 Key│ ❶ 삼각형 8개, 7개, 6개, …를 만들 때 만들 수 있는 사각형의 개수 알아보기
→ ❷ 삼각형과 사각형의 개수의 합이 가장 많을 때의 합 구하기

**2**
단원

**논리 수학**

## 곱셈구구에서 규칙 찾기

» 보기의 곱셈표는 곱셈구구의 일의 자리 숫자만 적은 것입니다. 곱셈표를 보고 각 단의 그림에 곱의 일의 자리 숫자를 차례대로 선을 그어 보세요.

2단 곱셈구구의 경우 $2 \times 0 = 0$, $2 \times 1 = 2$, $2 \times 2 = 4$, …이므로 0에서 2로, 2에서 4로, … 선을 차례대로 그어요.

» 보기의 곱셈표는 다음과 같은 [규칙]에 따라 적은 것입니다. 곱셈표를 보고 각 단의 그림에 [규칙]에 따라 차례대로 선을 그어 보세요.

보기
[규칙]
① 곱셈구구의 곱이 한 자리 수이면 그대로 적습니다.
② 곱셈구구의 곱이 두 자리 수이면 한 자리 수가 될 때까지 십의 자리 숫자와 일의 자리 숫자를 더한 값을 적습니다.
예 $4 \times 7 = 28 → 2 + 8 = 10$
  → $1 + 0 = \boxed{1}$

❶
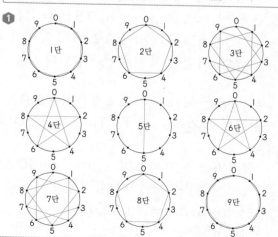

❷
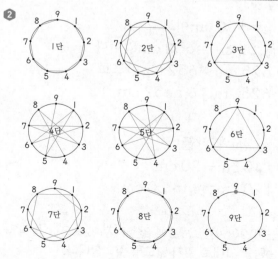

## 3 길이 재기

**1** ④ **2** ㉡
**3** 1, 1 ; 107
**4** 2 m 30 cm, 105 cm
**5** < **6** 1 m 20 cm

**1** 길이가 100 cm가 넘는 것은 ④이므로 m로 나타내기에 더 알맞습니다.

**2** ㉠ 줄넘기의 한끝을 줄자의 눈금 0에 맞추지 않았습니다.
㉢ 줄넘기를 곧게 펴지 않았습니다.

**3** · 눈금이 101이면 101 cm=1 m 1 cm입니다.
· 눈금이 107이면 107 cm입니다.

**4** · 230 cm=200 cm+30 cm
       =2 m 30 cm
· 1 m 5 cm=100 cm+5 cm=105 cm

**5** 100 cm=1 m이므로
625 cm=6 m 25 cm입니다.
⇨ 6 m 25 cm<6 m 52 cm이므로
625 cm<6 m 52 cm

다른 풀이
1 m=100 cm이므로
6 m 52 cm=652 cm입니다.
⇨ 625 cm<652 cm이므로
625 cm<6 m 52 cm

**6** (다른 끝)−(한끝)
=140 cm−20 cm
=120 cm=1 m 20 cm

주의
끈이 0이 아닌 눈금에 맞추어져 있으므로 줄자의 눈금을 그대로 읽지 않도록 주의합니다.

**1** 12 m 10 cm, 2 m 90 cm
**2** ㉢ **3** 95 m 80 cm
**4** 은우 **5** 2 m
**6** 355 cm

**1** 합:
```
        1
  4 m 60 cm
+ 7 m 50 cm
 12 m 10 cm
```
차:
```
  6  100
  7 m 50 cm
− 4 m 60 cm
  2 m 90 cm
```

참고
· 길이의 합
cm끼리의 합이 100이거나 100보다 크면 100 cm=1 m로 받아올림합니다.
· 길이의 차
cm끼리 뺄 수 없을 때에는 1 m=100 cm로 받아내림합니다.

**2** 몸의 일부의 길이가 길수록 적은 횟수로 잴 수 있습니다.

**3** (학교 ~ 문방구 ~ 서율이네 집)
=(학교 ~ 문방구)+(문방구 ~ 서율이네 집)
=28 m 56 cm+67 m 24 cm
=95 m 80 cm

**4** 어림한 길이와 실제로 잰 길이의 차가 작을수록 실제 길이에 더 가깝게 어림한 것입니다.
혜지: 2 m−1 m 85 cm=15 cm
은우: 1 m 85 cm−1 m 75 cm=10 cm
⇨ 15 cm>10 cm이므로 실제 길이에 더 가깝게 어림한 학생은 은우입니다.

**5** 두 걸음은 약 1 m이고 4걸음이었으므로 사물함의 길이는 약 1+1=2 (m)입니다.

**6** (악어의 몸길이)=580 cm=5 m 80 cm
(악어의 몸길이)−(사자의 몸길이)
=5 m 80 cm−2 m 25 cm
=3 m 55 cm=355 cm

**유형❶** 6, 7, 8, 9

❶ 1 m=100 cm이므로 3 m 59 cm= $\boxed{359}$ cm입니다.

❷ 3■4> $\boxed{359}$ 에서 백의 자리 수는 같고, 일의 자리 수는

4< $\boxed{9}$ 입니다.

⇨ ■에 들어갈 수 있는 수는 $\boxed{5}$ 보다 큽니다.

❸ ■에 들어갈 수 있는 수는 $\boxed{6, 7, 8, 9}$ 입니다.

**1-1** 0, 1, 2

1 m=100 cm이므로 4 m 37 cm=437 cm입니다.
4□8<437에서 백의 자리 수는 같고 일의 자리 수는 8>7이므로
□ 안에 들어갈 수 있는 수는 3보다 작습니다.
⇨ □ 안에 들어갈 수 있는 수는 0, 1, 2입니다.

**1-2** 5개

1 m=100 cm이므로 8 m 48 cm=848 cm입니다.
848>8□5에서 백의 자리 수는 같고 일의 자리 수는 8>5이므로
□ 안에 들어갈 수 있는 수는 4이거나 4보다 작습니다.
⇨ □ 안에 들어갈 수 있는 수는 0, 1, 2, 3, 4로 모두 5개입니다.

**유형❷** 1 m 23 cm

❶ 100 cm=1 m이므로 162 cm= $\boxed{1}$ m $\boxed{62}$ cm입니다.

❷ 가장 긴 변: 2 m $\boxed{85}$ cm

가장 짧은 변: $\boxed{1}$ m $\boxed{62}$ cm

❸ (가장 긴 변)−(가장 짧은 변)

=2 m $\boxed{85}$ cm− $\boxed{1}$ m $\boxed{62}$ cm

= $\boxed{1}$ m $\boxed{23}$ cm

**2-1** 5 m 93 cm

437 cm=4 m 37 cm
가장 긴 변: 4 m 37 cm, 가장 짧은 변: 1 m 56 cm
⇨ (가장 긴 변)+(가장 짧은 변)=4 m 37 cm+1 m 56 cm
=5 m 93 cm

**2-2** 3 m 55 cm

169 cm=1 m 69 cm, 375 cm=3 m 75 cm
가장 긴 변: 5 m 24 cm, 가장 짧은 변: 1 m 69 cm
⇨ (가장 긴 변)−(가장 짧은 변)=5 m 24 cm−1 m 69 cm
=3 m 55 cm

**3**
단원

**유형❸** 6 m 26 cm

❶ (학교~공원~소방서)
  =(학교~공원)+(공원~소방서)
  =37 m 24 cm+58 m 19 cm=[95] m [43] cm

❷ 학교에서 공원을 거쳐 소방서까지 가는 거리는 학교에서
  소방서로 바로 가는 거리보다
  [95] m [43] cm−89 m 17 cm
  =[6] m [26] cm 더 멉니다.

**3-1** 병원, 1 m 18 cm

(집~병원~우체국)=(집~병원)+(병원~우체국)
          =18 m 6 cm+71 m 98 cm=90 m 4 cm
(집~서점~우체국)=(집~서점)+(서점~우체국)
          =38 m 77 cm+52 m 45 cm=91 m 22 cm
⇨ 병원을 거쳐 가는 길이 91 m 22 cm−90 m 4 cm=1 m 18 cm 더
  가깝습니다.

**유형❹** 3 m 4 cm

❶ (색 테이프 3장의 길이의 합)
  =1 m 18 cm+1 m 18 cm+[1] m [18] cm
  =[3] m [54] cm

❷ 색 테이프 3장은 2군데가 겹쳐지므로
  (겹친 부분의 길이의 합)=25 cm+[25] cm=[50] cm

❸ (이어 붙인 색 테이프의 전체 길이)
  =3 m [54] cm−[50] cm=[3] m [4] cm

**4-1** 6 m 62 cm

(색 테이프 3장의 길이의 합)
=2 m 44 cm+2 m 44 cm+2 m 44 cm=7 m 32 cm
색 테이프 3장은 2군데가 겹쳐지므로
(겹친 부분의 길이의 합)=35 cm+35 cm=70 cm
⇨ (이어 붙인 색 테이프의 전체 길이)=7 m 32 cm−70 cm
                    =6 m 62 cm

**4-2** 12 m 5 cm

(색 테이프 4장의 길이의 합)
=3 m 29 cm+3 m 29 cm+3 m 29 cm+3 m 29 cm
=13 m 16 cm
색 테이프 4장은 3군데가 겹쳐지므로
(겹친 부분의 길이의 합)=37 cm+37 cm+37 cm
                =111 cm=1 m 11 cm
⇨ (이어 붙인 색 테이프의 전체 길이)=13 m 16 cm−1 m 11 cm
                    =12 m 5 cm

**유형 5**  I m 60 cm

❶ (상자를 묶은 리본의 길이)
　 =(상자만 묶은 리본의 길이)+(매듭의 길이)
　 =35 cm+35 cm+45 cm+45 cm+20 cm
　 　+20 cm+20 cm+20 cm+50 cm
　 = 290 cm= 2 m 90 cm

❷ (상자를 묶고 남은 리본의 길이)
　 =4 m 50 cm− 2 m 90 cm= I m 60 cm

**5-1**  I m 55 cm

(상자를 묶은 리본의 길이)
=(상자만 묶은 리본의 길이)+(매듭의 길이)
=60 cm+60 cm+25 cm+25 cm+35 cm+35 cm+35 cm
　+35 cm+45 cm
=355 cm=3 m 55 cm
⇨ (상자를 묶고 남은 리본의 길이)=5 m I0 cm−3 m 55 cm
　　　　　　　　　　　　　　=I m 55 cm

**5-2**  60 cm

(상자만 묶은 끈의 길이)
=40 cm+40 cm+20 cm+20 cm+30 cm+30 cm+30 cm+30 cm
=240 cm=2 m 40 cm
⇨ (매듭의 길이)=(끈의 길이)−(상자만 묶은 끈의 길이)
　　　　　　　=3 m−2 m 40 cm=60 cm

**유형 6**  I50 cm,
　　　　90 cm

❶ 지도의 긴 쪽의 길이는 I5 cm를 I0 번 더한 것과
　 같습니다.
　 I5 cm+…+I5 cm= I50 cm ⇨ 약 I50 cm
　 └─10번─┘

❷ 지도의 짧은 쪽의 길이는 I5 cm를 6 번 더한 것과
　 같습니다.
　 I5 cm+…+I5 cm= 90 cm ⇨ 약 90 cm
　 └─6번─┘

**6-1**  I8 m, 9 m

배구장의 긴 쪽의 길이는 50 cm를 36번 더한 것과 같습니다.
⇨ (긴 쪽의 길이)=50 cm+50 cm+…+50 cm+50 cm
　　　　　　　　└────36번────┘
　　　　　　=I800 cm=18 m → 약 18 m
배구장의 짧은 쪽의 길이는 50 cm를 I8번 더한 것과 같습니다.
⇨ (짧은 쪽의 길이)=50 cm+50 cm+…+50 cm+50 cm
　　　　　　　　　└────I8번────┘
　　　　　　　=900 cm=9 m → 약 9 m

**1** 혜지

1 m보다 25 cm 더 큽니다.
⇨ 1 m 25 cm=125 cm
　　└→ 1미터 25센티미터　└→ 125센티미터

**2** 4 m

건물의 높이는 나무의 높이의 5배로 약 20 m입니다.
⇨ 4×5=20이므로 나무의 높이는 약 4 m입니다.

**3** ㉣, ㉠, ㉡, ㉢

㉡ 3 m 63 cm=363 cm
㉣ 1 m 90 cm=190 cm
⇨ 190 cm<237 cm<363 cm<512 cm
　　㉣　　　　㉠　　　　㉡　　　　㉢

다른 풀이

㉠ 237 cm=2 m 37 cm
㉢ 512 cm=5 m 12 cm
⇨ 1 m 90 cm<2 m 37 cm<3 m 63 cm<5 m 12 cm
　　㉣　　　　㉠　　　　㉡　　　　㉢

**4** 4개

1 m=100 cm이므로 4 m 53 cm=453 cm입니다.
453<4□2에서 백의 자리 수는 같고 일의 자리 수는 3>2이므로
□ 안에 들어갈 수 있는 수는 5보다 큽니다.
⇨ □ 안에 들어갈 수 있는 수는 6, 7, 8, 9로 모두 4개입니다.

**5** 1 m 90 cm

829 cm=8 m 29 cm
가장 높은 나무: 느티나무
가장 낮은 나무: 소나무
⇨ 9 m 30 cm−7 m 40 cm=1 m 90 cm

**6** 565 cm

(전체 길이)
=1 m 45 cm+15 cm+1 m 25 cm+15 cm+1 m 25 cm+15 cm
　+1 m 25 cm
=5 m 65 cm=565 cm

**7** 4 m 80 cm

(㉠ ~ ㉡)=50 cm+30 cm+50 cm+30 cm+50 cm+30 cm
　　　　　=240 cm=2 m 40 cm
⇨ (개미가 움직여야 하는 전체 거리)=2 m 40 cm+2 m 40 cm
　　　　　　　　　　　　　　　　　=4 m 80 cm

**8** 장승, 4 m 91 cm

(일주문~탑~정상)
=(일주문~탑)+(탑~정상)
=35 m 98 cm+17 m 34 cm=53 m 32 cm
(일주문~장승~정상)
=(일주문~장승)+(장승~정상)
=19 m 76 cm+28 m 65 cm=48 m 41 cm
⇨ 장승을 거쳐 가는 길이 53 m 32 cm−48 m 41 cm=4 m 91 cm
더 가깝습니다.

**9** 3 m

시소의 길이는 약 50 cm의 6배와 같습니다.
⇨ (시소의 길이)=50 cm+50 cm+⋯+50 cm+50 cm
$\underbrace{\qquad\qquad\qquad}_{6번}$
=300 cm=3 m → 약 3 m

다른 풀이
한 팔의 길이가 약 50 cm이므로 한 팔로 2번의 길이는
약 50 cm+50 cm=100 cm=1 m
⇨ 2×3=6이므로 한 팔로 6번은 약 1+1+1=3 (m)입니다.

**10** 1 m 85 cm

245 cm=2 m 45 cm
(이어 붙인 리본의 길이)
=2 m 45 cm+3 m 65 cm−15 cm
=5 m 95 cm
(상자를 묶은 리본의 길이)
=(상자만 묶은 리본의 길이)+(매듭의 길이)
=25 cm+25 cm+40 cm+40 cm+55 cm+55 cm+55 cm
+55 cm+60 cm
=410 cm=4 m 10 cm
⇨ (상자를 묶고 남은 리본의 길이)=5 m 95 cm−4 m 10 cm
=1 m 85 cm

**11** 1 m 2 cm

색 테이프 10장을 이어 붙이면 9군데가 겹쳐집니다.
(색 테이프 10장의 길이의 합)
=12 cm+12 cm+⋯+12 cm+12 cm
$\underbrace{\qquad\qquad\qquad}_{10번}$
=120 cm=1 m 20 cm
(겹친 부분의 길이의 합)=2 cm+2 cm+⋯+2 cm+2 cm=18 cm
$\underbrace{\qquad\qquad\qquad}_{9번}$
⇨ (이어 붙인 색 테이프의 전체 길이)=1 m 20 cm−18 cm
=1 m 2 cm

**12** 8 m, 12 m

잘린 철사의 짧은 쪽의 길이를 □ m라 하면
긴 쪽의 길이는 □ m+4 m입니다.
□ m+(□ m+4 m)=20 m에서 □ m+□ m=16 m이고
8+8=16이므로 □=8입니다.
⇨ 잘린 철사의 짧은 쪽의 길이: 8 m,
　　　　　　　긴 쪽의 길이: 8 m+4 m=12 m

---

## STEP 4 **Top** 최고 수준     76~79쪽

**1** 306 cm

❶ 750 cm=7 m 50 cm이고, 8 m 33 cm>7 m 50 cm>5 m 27 cm
❷ 가장 높은 석탑: 정림사지 5층석탑
　가장 낮은 석탑: 천흥사지 5층석탑
❸ 8 m 33 cm−5 m 27 cm=3 m 6 cm=306 cm

|문제해결 Key| ❶ 석탑 높이 비교하기 → ❷ 가장 높은 석탑과 가장 낮은 석탑 찾기 → ❸ 두 석탑의 높이의 차 구하기

**2** 연석

❶ 자른 끈의 길이와 1 m 35 cm의 차를 구합니다.
　주연: 1 m 35 cm−1 m 23 cm=12 cm
　연석: 145 cm=1 m 45 cm, 1 m 45 cm−1 m 35 cm=10 cm
　한솔: 153 cm=1 m 53 cm, 1 m 53 cm−1 m 35 cm=18 cm
❷ 10 cm<12 cm<18 cm이므로 자른 끈의 길이가 1 m 35 cm에 가장 가까운 학생은 연석입니다.

|문제해결 Key| ❶ 각자 자른 끈의 길이와 1 m 35 cm의 차 구하기 → ❷ 자른 끈의 길이가 1 m 35 cm에 가장 가까운 학생 찾기

**3** 110 cm

❶ (서율이의 키)=1 m 28 cm+6 cm=1 m 34 cm
❷ (은우의 키)=(서율이의 키)−9 cm=1 m 34 cm−9 cm=1 m 25 cm
❸ (혜지의 키)=(은우의 키)−2 cm=1 m 25 cm−2 cm=1 m 23 cm
❹ (민하의 키)=(혜지의 키)−13 cm=1 m 23 cm−13 cm=1 m 10 cm
❺ 키가 가장 작은 학생은 민하이므로 1 m 10 cm=110 cm입니다.

|문제해결 Key| ❶ 서율이의 키 구하기 → ❷ ❶을 이용하여 은우의 키 구하기 → ❸ ❷를 이용하여 혜지의 키 구하기 → ❹ ❸을 이용하여 민하의 키 구하기 → ❺ 키가 가장 작은 학생의 키는 몇 cm인지 구하기

**4** | 6 cm

❶ (색 테이프 4장의 길이의 합)=70 cm+70 cm+70 cm+70 cm
    =280 cm=2 m 80 cm
❷ (겹친 부분의 길이의 합)=2 m 80 cm-2 m 32 cm=48 cm
❸ 겹친 부분은 3군데이고 48 cm=16 cm+16 cm+16 cm이므로
    16 cm씩 겹친 것입니다.

|문제해결 Key| ❶ 색 테이프 4장의 길이의 합 구하기 → ❷ 겹친 부분의 길이의 합 구하기
→ ❸ 겹친 부분의 길이 구하기

**5** 600 cm

❶ 처음 길이의 반만큼 더 늘어나므로 그림으로 나타내면 다음과 같습니다.

❷ 3 m+3 m+3 m=9 m이므로 고무줄의 처음 길이는 6 m=600 cm입니다.

|문제해결 Key| ❶ 그림으로 나타내기 → ❷ 고무줄의 처음 길이 구하기

**6** 460 cm

❶ (사각형 1개의 모든 변의 길이의 합)
    =30 cm+1 m+30 cm+1 m=2 m 60 cm
❷ (사각형 2개의 모든 변의 길이의 합)
    =2 m 60 cm+2 m 60 cm=5 m 20 cm
❸ (이어 붙인 부분의 길이의 합)=30 cm+30 cm=60 cm
❹ (빨간 선의 길이의 합)=5 m 20 cm-60 cm=4 m 60 cm=460 cm

|문제해결 Key| ❶ 사각형 1개의 모든 변의 길이의 합 구하기 → ❷ 사각형 2개의 모든 변의 길이의 합 구하기 → ❸ 이어 붙인 부분의 길이의 합 구하기 → ❹ 빨간 선의 길이의 합 구하기

**7** 서율

❶ 준혁: (ⓒ ~ ⓔ)=(㉠ ~ ⓔ)+(ⓒ ~ ㉣)-(㉠ ~ ㉣)
    =36 m 58 cm+37 m 94 cm-52 m 61 cm
    =74 m 52 cm-52 m 61 cm=21 m 91 cm
❷ 서율: (㉠ ~ ⓒ)=(㉠ ~ ⓔ)-(ⓒ ~ ⓔ)
    =36 m 58 cm-21 m 91 cm=14 m 67 cm
    ⇨ (ⓒ ~ ⓔ)-(㉠ ~ ⓒ)
    =21 m 91 cm-14 m 67 cm=7 m 24 cm이므로 ⓒ에서 ⓔ
    까지의 길이는 ㉠에서 ⓒ까지의 길이보다 7 m 24 cm 더 깁니다.
❸ 은빈: (ⓔ ~ ㉣)=(ⓒ ~ ㉣)-(ⓒ ~ ⓔ)
    =37 m 94 cm-21 m 91 cm=16 m 3 cm
    ⇨ (ⓒ ~ ⓔ)-(ⓔ ~ ㉣)
    =21 m 91 cm-16 m 3 cm=5 m 88 cm이므로 ⓔ에서 ㉣
    까지의 길이는 ⓒ에서 ⓔ까지의 길이보다 5 m 88 cm 더 짧습니다.
❹ 틀리게 설명한 학생은 서율입니다.

|문제해결 Key| ❶ ⓒ에서 ⓔ까지의 길이 구하기 → ❷ ⓒ에서 ⓔ까지의 길이와 ㉠에서 ⓒ까지의 길이의 차 구하기 → ❸ ⓔ에서 ㉣까지의 길이와 ⓒ에서 ⓔ까지의 길이의 차 구하기 → ❹ 틀리게 설명한 학생 찾기

**8** 236 cm

❶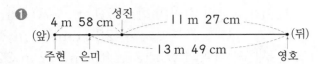

❷ (주현~은미)＝4 m 58 cm＋11 m 27 cm−13 m 49 cm
　　　　　　＝15 m 85 cm−13 m 49 cm
　　　　　　＝2 m 36 cm＝236 cm

|문제해결 Key| ❶ 그림으로 나타내기 → ❷ 주현이는 은미보다 몇 cm 앞서 있는지 구하기

**9** 40 cm

❶ (은우가 5걸음으로 잰 길이)
　＝50 cm＋50 cm＋50 cm＋50 cm＋50 cm＝2 m 50 cm
❷ (동생이 3걸음으로 잰 길이)
　＝370 cm−2 m 50 cm＝3 m 70 cm−2 m 50 cm＝1 m 20 cm
❸ 1 m 20 cm＝120 cm이고, 40＋40＋40＝120이므로 동생의 한 걸음은 40 cm입니다.

|문제해결 Key| ❶ 은우가 5걸음으로 잰 길이 구하기 → ❷ 동생이 3걸음으로 잰 길이 구하기 →
❸ 동생의 한 걸음은 몇 cm인지 구하기

> **참고**
> (신발장의 길이)＝(은우가 5걸음으로 잰 길이)＋(동생이 3걸음으로 잰 길이)

**10** 50 cm, 60 cm,
　　 60 cm, 80 cm

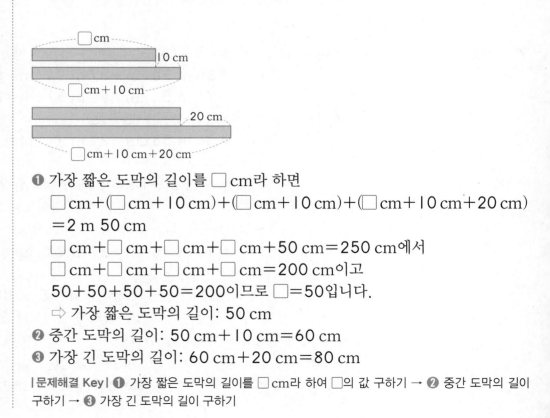

❶ 가장 짧은 도막의 길이를 □ cm라 하면
　□ cm＋(□ cm＋10 cm)＋(□ cm＋10 cm)＋(□ cm＋10 cm＋20 cm)
　＝2 m 50 cm
　□ cm＋□ cm＋□ cm＋□ cm＋50 cm＝250 cm에서
　□ cm＋□ cm＋□ cm＋□ cm＝200 cm이고
　50＋50＋50＋50＝200이므로 □＝50입니다.
　⇨ 가장 짧은 도막의 길이: 50 cm
❷ 중간 도막의 길이: 50 cm＋10 cm＝60 cm
❸ 가장 긴 도막의 길이: 60 cm＋20 cm＝80 cm

|문제해결 Key| ❶ 가장 짧은 도막의 길이를 □ cm라 하여 □의 값 구하기 → ❷ 중간 도막의 길이
구하기 → ❸ 가장 긴 도막의 길이 구하기

## 가장 짧은 거리 구하기

보기를 보고 가장 짧은 거리를 구하세요.

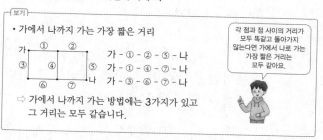

보기

• 가에서 나까지 가는 가장 짧은 거리

가 - ① - ② - ⑤ - 나
가 - ① - ④ - ⑦ - 나
가 - ③ - ⑥ - ⑦ - 나

각 점과 점 사이의 거리가 모두 똑같고 돌아가지 않는다면 가에서 나로 가는 가장 짧은 거리는 모두 같아요.

⇨ 가에서 나까지 가는 방법에는 3가지가 있고 그 거리는 모두 같습니다.

≫ 서율이와 은우가 도서관에서 만나기로 하였습니다. 물음에 답하세요.

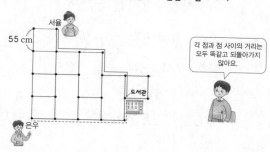

각 점과 점 사이의 거리는 모두 똑같고 되돌아가지 않아요.

❶ 서율이와 은우가 지금 위치에서 도서관까지 가는 가장 짧은 거리를 선으로 각각 이어 보세요.

❷ 서율이와 은우가 움직인 가장 짧은 거리는 각각 몇 m 몇 cm일까요?
서율 (　3 m 30 cm　), 은우 (　2 m 75 cm　)

≫ 혜지는 A, B, C 수영장 중에서 집에서 가장 가까운 수영장을 다니려고 합니다. 물음에 답하세요.

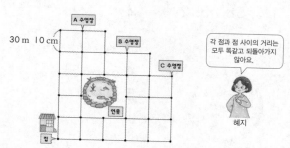

각 점과 점 사이의 거리는 모두 똑같고 되돌아가지 않아요.

❸ 혜지네 집에서 A, B, C 수영장까지의 가장 짧은 거리는 각각 몇 m 몇 cm일까요?

A (　180 m 60 cm　)
B (　210 m 70 cm　)
C (　240 m 80 cm　)

❹ 혜지가 다니려고 하는 수영장은 어디일까요?
(　A 수영장　)

**3단원**

❷ 서율이와 은우가 있는 곳에서부터 도서관까지의 거리는 다음과 같습니다.
서율: 55 cm씩 6번 움직인 거리 ⇨ 55 cm+55 cm+55 cm+55 cm+55 cm+55 cm
=330 cm=3 m 30 cm

은우: 55 cm씩 5번 움직인 거리 ⇨ 55 cm+55 cm+55 cm+55 cm+55 cm
=275 cm=2 m 75 cm

❸ 혜지네 집에서부터 각 수영장까지의 거리는 다음과 같습니다.
A 수영장: 30 m 10 cm씩 6번 움직인 거리
⇨ 30 m 10 cm+30 m 10 cm+⋯+30 m 10 cm=180 m 60 cm
　　　　　　　　　　└─────6번─────┘

B 수영장: 30 m 10 cm씩 7번 움직인 거리
⇨ 30 m 10 cm+30 m 10 cm+⋯+30 m 10 cm=210 m 70 cm
　　　　　　　　　　└─────7번─────┘

C 수영장: 30 m 10 cm씩 8번 움직인 거리
⇨ 30 m 10 cm+30 m 10 cm+⋯+30 m 10 cm=240 m 80 cm
　　　　　　　　　　└─────8번─────┘

❹ 180 m 60 cm<210 m 70 cm<240 m 80 cm이므로 혜지가 다니려고 하는 수영장은 가장 가까운 A 수영장입니다.

## 4  시각과 시간

**1** 4, 58 ; 5, 2  **2**

**3**

**4** 6시 45분
**5** 혜지

**6** 줄넘기하기, 영화 보기, 그림 그리기

**3** 3시 13분 전=2시 47분
⇨ 짧은바늘은 2와 3 사이에서 3에 더 가까운 곳을 가리키고 긴바늘은 9에서 작은 눈금 2칸 더 간 곳을 가리키게 그립니다.

**4** 짧은바늘은 6과 7 사이를 가리키므로 6시이고, 긴바늘은 9를 가리키므로 45분입니다.
⇨ 6시 45분

**5** 준혁: 2시 45분, 혜지: 3시 5분
⇨ 약속을 지키지 못한 사람은 3시가 지나 도착한 혜지입니다.

**6** 그림 그리기: 8시 7분, 줄넘기하기: 5시 50분,
영화 보기: 6시 29분
⇨ 한 일을 순서대로 쓰면
줄넘기하기, 영화 보기, 그림 그리기입니다.

**1** (1) 85  (2) 1, 6  **2** 39분
**3** 3시간
**4**  **5** 15시간
 **6** 준혁

**2** 9시 30분 $\xrightarrow{\text{30분 후}}$ 10시 $\xrightarrow{\text{9분 후}}$ 10시 9분
⇨ 30분+9분=39분

**3** 오후: 낮 12시부터 밤 12시까지
공부: 오후 2시부터 4시까지 → 2시간
독서: 오후 8시부터 9시까지 → 1시간
⇨ 2시간+1시간=3시간

**4** 5시 40분 $\xrightarrow{\text{1시간 후}}$ 6시 40분 $\xrightarrow{\text{40분 후}}$ 7시 20분
⇨ 짧은바늘은 7과 8 사이를 가리키고 긴바늘은 4를 가리키게 그립니다.

**5** 오전 7시 $\xrightarrow{\text{12시간 후}}$ 오후 7시 $\xrightarrow{\text{3시간 후}}$ 오후 10시
⇨ 12시간+3시간=15시간

**6** ・은우: 8시 5분 $\xrightarrow{\text{20분 후}}$ 8시 25분 ⇨ 20분
・준혁: 7시 45분 $\xrightarrow{\text{15분 후}}$ 8시 $\xrightarrow{\text{10분 후}}$ 8시 10분
⇨ 25분
⇨ 20분<25분이므로 준혁이가 더 오래 걸렸습니다.

**1** ④  **2** 수요일
**3** 금요일  **4** 5번
**5** 2년 3개월  **6** 19일

**3** 은우의 생일은 14일에서 6일 전이므로 14일에서 거꾸로 6칸을 세면 8일입니다. ⇨ 금요일

**4** 3월은 31일까지 있습니다.
3월 2일은 목요일이므로 2+7=9(일),
9+7=16(일), 16+7=23(일),
23+7=30(일)로 모두 5번 있습니다.

**5** 27개월 =24개월+3개월=2년 3개월

**6** 같은 요일은 7일마다 반복됩니다.
10월의 첫째 금요일: 5일
둘째 금요일: 5+7=12(일)
셋째 금요일: 12+7=19(일)
⇨ 셋째 금요일은 19일입니다.

**유형❶ 선영**

❶ 지우: 8시 25분, 선영: ⑦시 55분, 민서: 8시 ④분

❷ 학교에 가장 먼저 도착한 학생은 선영 입니다.

**1-1 준우**

준우: 3시 50분, 민혁: 4시 2분, 영호: 3시 57분
⇨ 학교에서 가장 먼저 나온 학생은 준우입니다.

**1-2 지후**

'시'를 나타내는 숫자가 클수록 늦은 시각이고,
'시'가 같으면 '분'을 나타내는 숫자가 클수록 늦은 시각입니다.
할아버지: 5시 55분, 아버지: 6시, 어머니: 5시 30분, 지후: 6시 20분
⇨ 가장 늦게 일어난 사람은 지후입니다.

**유형❷ 8시 25분**

❶ 짧은바늘은 8과 9 사이를 가리키므로 ⑧시입니다.

❷ 긴바늘은 5를 가리키므로 25 분입니다.

❸ 시계가 나타내는 시각은 ⑧시 25 분입니다.

**2-1 12시 48분**

짧은바늘은 12와 1 사이를 가리키므로 12시이고, 긴바늘은 9에서 작은 눈금
3칸 더 간 곳을 가리키므로 48분입니다.
⇨ 12시 48분

**2-2 5시 5분 전**

짧은바늘은 4와 5 사이를 가리키므로 4시이고, 긴바늘은 11을 가리키므로
55분입니다.
⇨ 4시 55분이므로 5시 5분 전입니다.

**유형❸ 오전에 ○표,
10시 40분**

❶ 시계의 긴바늘이 한 바퀴 돌면 60분= ①시간이 지난

것이므로 긴바늘이 2바퀴 돌면 ②시간이 지난 것입니다.

❷ 오전 8시 40분에서 시계의 긴바늘이 2바퀴 돌았을 때의

시각은 ②시간이 지난 오전 ⑩시 ④⑩분입니다.

**3-1 오후에 ○표,
2시 25분**

시계의 긴바늘이 4바퀴 돌면 4시간이 지난 것입니다.
오전 10시 25분에서 시계의 긴바늘이 4바퀴 돌았을 때의 시각은 4시간이
지난 오후 2시 25분입니다.

**4**
**단원**

**3-2** 오후에 ○표,
7시 17분

하루 동안 시계의 짧은바늘은 2바퀴 돕니다.
→ 시계의 짧은바늘이 한 바퀴 돌면 12시간이 지난 것입니다.
⇨ 오전 7시 17분에서 시계의 짧은바늘이 한 바퀴 돌았을 때의 시각은
12시간이 지난 오후 7시 17분입니다.

**유형④** 목요일

❶ 10월은 31 일까지 있습니다.

❷ 1주일= 7 일마다 같은 요일이 반복되므로

10월의 마지막 날에서 1주일 전은 24 일이고,

2주일 전은 17 일입니다.

❸ 이달의 마지막 날은 17 일과 같은 목 요일입니다.

**4-1** 토요일

4월은 30일까지 있습니다.
7일마다 같은 요일이 반복되므로 30−7−7−7=9(일)에서 이달의 마지막
날은 9일과 같은 토요일입니다.

**4-2** 18일

첫째 목요일은 첫째 화요일부터 2일 후인 4일입니다.
7일마다 같은 요일이 반복되므로
둘째 목요일: 4+7=11(일),
셋째 목요일: 11+7=18(일)
⇨ 희진이의 생일은 18일입니다.

**유형⑤** 2시간 20분

❶ 동물원에 들어간 시각: 오전 10 시

동물원에서 나온 시각: 오후 12시 20 분

❷ 오전 10 시 ───────→ 낮 12시
　　　　　　　 2 시간 후

　　　　　　　　　　───────→ 오후 12시 20분
　　　　　　　　　　　 20 분 후

⇨ (동물원에 있었던 시간)
＝2시간＋ 20 분＝ 2 시간 20 분

**5-1** 3시간 25분

오전 10시 45분 ──────→ 오전 11시 45분 ──────→ 낮 12시
　　　　　　　 1시간 후　　　　　　　　　　　 15분 후

──────→ 오후 2시 ──────→ 오후 2시 10분
　 2시간 후　　　　　　　 10분 후

⇨ 1시간＋15분＋2시간＋10분＝3시간 25분

**유형 ⑥** 오후 2시 18분

❶ 오전 8시부터 오후 2시까지는 $\boxed{6}$ 시간입니다.

❷ 1시간에 3분씩 빨라지므로 6시간 후 이 시계는

$3 \times \boxed{6} = \boxed{18}$ (분) 빨라져 있습니다.

❸ 2시에서 $\boxed{18}$ 분 후는 2시 $\boxed{18}$ 분이므로 오후 2시에

이 시계가 가리키는 시각은 오후 2시 $\boxed{18}$ 분입니다.

**6-1** 오전 5시 16분

어제 오후 9시부터 오늘 오전 5시까지는 8시간입니다.

1시간에 2분씩 빨라지므로 8시간 후 이 시계는 $2 \times 8 = 16$(분) 빨라져 있습니다.

5시에서 16분 후는 5시 16분이므로 오전 5시에 이 시계가 가리키는 시각은 오전 5시 16분입니다.

**6-2** 오후 3시 55분

오전 9시 30분부터 오후 4시 30분까지는 7시간입니다.

1시간에 5분씩 느려지므로 7시간 후 이 시계는 $5 \times 7 = 35$(분) 느려져 있습니다.

4시 30분에서 35분 전은 3시 55분이므로 오후 4시 30분에 이 시계가 가리키는 시각은 오후 3시 55분입니다.

**유형 ❼** 오후 12시 45분

❶ 경기 시간과 휴식 시간을 모두 더하면

$45분 + 15분 + 45분 = \boxed{105}$ 분

$= \boxed{1}$ 시간 $\boxed{45}$ 분

❷ 오전 11시부터 시작한 축구 경기가 끝나는 시각은

1시간 $\boxed{45}$ 분 후인 오후 $\boxed{12}$ 시 $\boxed{45}$ 분입니다.

**7-1** 오후 3시 26분

경기 시간과 휴식 시간을 모두 더하면

$10분 + 2분 + 10분 + 12분 + 10분 + 2분 + 10분 = 56분$입니다.

오후 2시 30분부터 시작한 농구 경기가 끝나는 시각은 56분 후인

오후 3시 26분입니다.

[다른 풀이]

1쿼터가　끝나는 시각: 오후 2시 40분

2쿼터가 시작하는 시각: 오후 2시 42분

2쿼터가　끝나는 시각: 오후 2시 52분

3쿼터가 시작하는 시각: 오후 3시　4분

3쿼터가　끝나는 시각: 오후 3시 14분

4쿼터가 시작하는 시각: 오후 3시 16분

4쿼터가　끝나는 시각: 오후 3시 26분

**4**
단원

**1** ㉡

㉡ 190분=180분+10분=3시간 10분

⇨ 3시간 10분>3시간>2시간 40분
　　　㉡　　　 ㉠　　　 ㉢

다른 풀이

㉠ 3시간=180분

㉢ 2시간 40분=120분+40분=160분

⇨ 190분>180분>160분
　　㉡　　 ㉠　　 ㉢

**2** 준혁

준혁: 9시 11분 전=8시 49분

⇨ 버스 정류장에 더 빨리 도착한 사람은 준혁입니다.

**3** 9시 12분

긴바늘이 2를 가리키면 10분이고,

10분에서 작은 눈금 2칸 더 간 곳을 가리키면 12분입니다.

12분일 때 짧은바늘이 9에 가장 가깝게 있으려면 짧은바늘은 9와 10 사이에

있어야 합니다.

⇨ 시계가 나타내는 시각은 9시 12분입니다.

**4** 희라

• 희라: 4시 20분 $\xrightarrow[\text{40분 후}]{}$ 5시 $\xrightarrow[\text{10분 후}]{}$ 5시 10분 ⇨ 50분

• 은아: 3시 40분 $\xrightarrow[\text{20분 후}]{}$ 4시 $\xrightarrow[\text{20분 후}]{}$ 4시 20분 ⇨ 40분

⇨ 50분>40분이므로 수학 공부를 더 오랫동안 한 사람은 희라입니다.

다른 풀이

시간 띠에 나타내 봅니다.

　　4시　　5시　　6시

희라 |___|___|___|___|___|___|___|___|___|___| ⇨ 50분

　　3시　　4시　　5시

은아 |___|___|___|___|___|___|___|___|___|___| ⇨ 40분

⇨ 50분>40분이므로 수학 공부를 더 오랫동안 한 사람은 희라입니다.

**5** 2시 35분

짧은바늘은 1과 2 사이를 가리키므로 1시이고,

긴바늘은 10을 가리키므로 50분입니다.

⇨ 1시 50분

1시 50분에서 45분이 지난 시각은 1시 50분 $\xrightarrow[\text{10분 후}]{}$ 2시 $\xrightarrow[\text{35분 후}]{}$ 2시 35분

**6** 10월 27일

오늘부터 2주일 전은 17-7-7=3(일)이므로 11월 3일이고,
10월은 31일까지 있습니다.

11월 3일 $\xrightarrow{3일 전}$ 10월 31일 $\xrightarrow{4일 전}$ 10월 27일

➡ 오늘부터 3주일 전은 10월 27일입니다.

**7** 풀이 참조

〈시작한 시각〉　　　〈끝난 시각〉

110분=60분+50분=1시간 50분
영화가 시작한 시각은 영화가 끝난 시각인 5시 40분에서 1시간 50분 전이므로
5시 40분 $\xrightarrow{1시간 전}$ 4시 40분 $\xrightarrow{50분 전}$ 3시 50분

➡ 왼쪽 시계에 3시 50분, 오른쪽 시계에 5시 40분을 나타냅니다.

**8** 2024년 7월

40개월=12개월+12개월+12개월+4개월=3년 4개월
2021년 3월 $\xrightarrow{3년 후}$ 2024년 3월 $\xrightarrow{4개월 후}$ 2024년 7월

**9** 오전 11시 20분

1주일은 7일이므로 1주일 후 이 시계는 5×7=35(분) 빨라져 있습니다.
10시 45분 $\xrightarrow{15분 후}$ 11시 $\xrightarrow{20분 후}$ 11시 20분

➡ 이 시계가 가리키는 시각은 오전 11시 20분입니다.

(다른 풀이)

1일 후: 10시 45분 $\xrightarrow{5분 후}$ 10시 50분
2일 후: 10시 50분 $\xrightarrow{5분 후}$ 10시 55분
　　　⋮　　　　　　　　⋮
7일 후: 11시 15분 $\xrightarrow{5분 후}$ 11시 20분

**10** 265분

오후 11시 55분 $\xrightarrow{5분 후}$ 밤 12시 $\xrightarrow{4시간 후}$ 오전 4시 $\xrightarrow{20분 후}$ 오전 4시 20분

➡ (점검 시간)=5분+4시간+20분
　　　　　　　=4시간 25분=240분+25분=265분

**11** 42일

7월은 31일까지 있습니다. 7월에 공연을 하는 기간은 15일부터 31일까지
이므로 31-15+1=17(일)입니다.
8월에 공연을 하는 기간은 1일부터 25일까지이므로 25일입니다.

➡ 17+25=42(일)

**12** 3번

 ⇨ 3번

**13** 오후에 ○표, 12시 10분

1교시가    끝나는 시각: 오전   9시 40분
2교시가 시작하는 시각: 오전   9시 50분
2교시가    끝나는 시각: 오전 10시 30분
3교시가 시작하는 시각: 오전 10시 40분
3교시가    끝나는 시각: 오전 11시 20분
4교시가 시작하는 시각: 오전 11시 30분
4교시가    끝나는 시각: 오후 12시 10분

다른 풀이
수업 시간과 쉬는 시간을 모두 더하면
40분+10분+40분+10분+40분+10분+40분
=190분=3시간 10분
⇨ 오전 9시 —3시간 후→ 낮 12시 —10분 후→ 오후 12시 10분

**14** 오후에 ○표, 1시 33분

오전 3시 3분 —긴바늘 4바퀴 (4시간 후)→ 오전 7시 3분 —긴바늘 반 바퀴 (30분 후)→ 오전 7시 33분

—짧은바늘 반 바퀴 (6시간 후)→ 오후 1시 33분

**15** 월요일

3월은 31일까지, 4월은 30일까지, 5월은 31일까지 있습니다.
6월 1일이 화요일이므로 5월 31일, 24일, 17일, 10일, 3일은 모두 월요일입니다.
5월 1일이 토요일이므로 4월 30일, 23일, 16일, 9일, 2일은 모두 금요일입니다.
4월 1일이 목요일이므로 3월 31일, 24일, 17일, 10일, 3일은 모두 수요일입니다.
⇨ 3월 1일은 월요일입니다.

## STEP4 Top 최고 수준                                    102~105쪽

**1** 2시간 20분

❶ 중간에 깬 시각: 5시 5분
❷ 아침에 일어난 시각: 7시 25분
❸ 5시 5분 —2시간 후→ 7시 5분 —20분 후→ 7시 25분
   ⇨ 2시간 20분

│문제해결 Key│ ❶ 중간에 깬 시각 알아보기 → ❷ 아침에 일어난 시각 알아보기 → ❸ ❶에서 ❷까지 걸린 시간 구하기

**2** 오후에 ○표,
   2시

❶ 로마 피우미치노 공항에 도착할 때 서울의 시각:

오전 8시 30분 $\xrightarrow{\text{12시간 후}}$ 오후 8시 30분 $\xrightarrow{\text{1시간 후}}$ 오후 9시 30분

$\xrightarrow{\text{30분 후}}$ 오후 10시

❷ 로마는 서울보다 8시간 늦으므로

로마 피우미치노 공항에 도착할 때 로마의 시각:

오후 10시 $\xrightarrow{\text{8시간 전}}$ 오후 2시

|문제해결 Key| ❶ 로마 피우미치노 공항에 도착할 때 서울의 시각 구하기 → ❷ 로마 피우미치노 공항에 도착할 때 로마의 시각 구하기

**3** 5

❶ 오전 11시에서 4시간 후는 오후 3시입니다.
❷ 1시간에 ㉠분씩 느려지므로 4시간 후에 이 시계는 (㉠×4)분 느려집니다.
❸ 오후 3시에 시계가 가리키는 시각이 오후 2시 40분이므로 20분 느려진 것입니다.
❹ 5×4=20(분)이므로 ㉠=5입니다.

|문제해결 Key| ❶ 오전 11시에서 4시간 후 시각 알아보기 → ❷ 4시간 후에 느려지는 시간 알아보기 → ❸ 오후 3시에 느려진 시간 구하기 → ❹ ㉠ 구하기

**4** 5일

❶ 10월은 31일, 11월은 30일까지 있습니다.
❷ 10월 2일, 9일, 16일, 23일, 30일은 목요일이고 10월 31일은 금요일, 11월 1일은 토요일입니다.
❸ 11월 1일, 8일, 15일, 22일, 29일은 토요일이고 11월 30일은 일요일, 12월 1일은 월요일입니다.
❹ 12월의 첫째 금요일은 5일입니다.

|문제해결 Key| ❶ 10월, 11월의 날수 각각 구하기 → ❷ 11월 1일의 요일 구하기 → ❸ 12월 1일의 요일 구하기 → ❹ 12월의 첫째 금요일의 날짜 구하기

**5** 11월 5일

❶ 서진이의 생일은 10월 31일입니다.
❷ 정성이는 서진이보다 일주일 늦게 태어났으므로 정성이의 생일은 11월 7일입니다.
❸ 48시간=2일이고 민서는 정성이가 태어나기 2일 전에 태어났으므로 민서의 생일은 11월 5일입니다.

|문제해결 Key| ❶ 서진이의 생일 구하기 → ❷ 정성이의 생일 구하기 → ❸ 민서의 생일 구하기

**6** 13번

❶ 12월 1일이 토요일이므로 첫째 월요일은 3일, 수요일은 5일, 금요일은 7일입니다.
❷ 월요일: 3일, 10일, 17일, 24일, 31일 ⇨ 5번
수요일: 5일, 12일, 19일, 26일 ⇨ 4번
금요일: 7일, 14일, 21일, 28일 ⇨ 4번
❸ 민석이는 12월에 운동을 모두 5+4+4=13(번) 했습니다.

|문제해결 Key| ❶ 12월의 첫째 월요일, 수요일, 금요일 구하기 → ❷ 12월에는 월요일, 수요일, 금요일이 각각 몇 번씩 있는지 구하기 → ❸ 12월에는 운동을 몇 번 했는지 구하기

**4**
단원

**7** 6대

❶ 설악산행 버스는 오전 8시 20분 $\xrightarrow{40분 후}$ 오전 9시 $\xrightarrow{40분 후}$ 오전 9시 40분 $\xrightarrow{40분 후}$ 오전 10시 20분 $\xrightarrow{40분 후}$ 오전 11시 $\xrightarrow{40분 후}$ 오전 11시 40분 $\xrightarrow{40분 후}$ 오후 12시 20분 …에 출발합니다.

❷ 오전에 서울에서 설악산까지 가는 버스는 오전 8시 20분, 오전 9시, 오전 9시 40분, 오전 10시 20분, 오전 11시, 오전 11시 40분에 출발하므로 서우네 가족이 오전에 탈 수 있는 버스는 모두 6대입니다.

|문제해결 Key| ❶ 설악산행 버스가 출발하는 시각 모두 구하기 → ❷ 오전에 탈 수 있는 설악산행 버스는 모두 몇 대인지 구하기

**8** 16일, 30일

❶ 수아는 수요일마다 달리기 연습을 하므로 7월 2일은 첫째 수요일입니다.
❷ 수아가 달리기 연습을 하게 될 날짜: 9일, 16일, 23일, 30일
❸ 주희가 달리기 연습을 하게 될 날짜: 4일, 6일, 8일, 10일, 12일, 14일, 16일, 18일, 20일, 22일, 24일, 26일, 28일, 30일
❹ 수아와 주희가 이달에 달리기 연습을 함께 하게 될 날짜는 16일, 30일입니다.

|문제해결 Key| ❶ 7월의 첫째 수요일 구하기 → ❷ 수아가 달리기 연습을 하게 될 날짜 구하기 → ❸ 주희가 달리기 연습을 하게 될 날짜 구하기 → ❹ 수아와 주희가 이달에 달리기 연습을 함께 하게 될 날짜 구하기

**9** 오후에 ○표, 10시 13분

❶ 짧은바늘이 3바퀴 도는 데 걸리는 시간: 12시간+12시간+12시간=36시간
❷ 긴바늘이 2바퀴 반 도는 데 걸리는 시간: 1시간+1시간+30분=2시간 30분
❸ 지금 시각에서 38시간 30분 후의 시각을 알아보면 오전 7시 43분 $\xrightarrow{24시간 후}$ 오전 7시 43분 $\xrightarrow{12시간 후}$ 오후 7시 43분 $\xrightarrow{2시간 후}$ 오후 9시 43분 $\xrightarrow{30분 후}$ 오후 10시 13분

|문제해결 Key| ❶ 짧은바늘이 3바퀴 도는 데 걸리는 시간 구하기 → ❷ 긴바늘이 2바퀴 반 도는 데 걸리는 시간 구하기 → ❸ 짧은바늘을 3바퀴, 긴바늘을 2바퀴 반 돌렸을 때의 시각 구하기

**10** 오전에 ○표, 5시 52분

❶ 가 역에서 출발한 기차가 나 역에 도착하는 시각을 알아보면 오전 5시 20분, 오전 5시 28분, 오전 5시 36분, 오전 5시 44분, 오전 5시 52분, 오전 6시, ...
❷ 다 역에서 출발한 기차가 나 역에 도착하는 시각을 알아보면 오전 5시 25분, 오전 5시 34분, 오전 5시 43분, 오전 5시 52분, 오전 6시 1분, ...
❸ 두 기차가 나 역에서 처음 만나는 시각은 오전 5시 52분입니다.

|문제해결 Key| ❶ 가 역에서 출발한 기차가 나 역에 도착하는 시각 구하기 → ❷ 다 역에서 출발한 기차가 나 역에 도착하는 시각 구하기 → ❸ 두 기차가 나 역에서 처음 만나는 시각 구하기

## 도시별 시간 여행

>> 나라마다 시각이 다릅니다. 다음은 같은 날 각 나라의 도시별 시각을 나타낸 것입니다. 선으로 이어진 도시별로 차이나는 시간을 ◯ 안에 알맞게 써넣으세요.

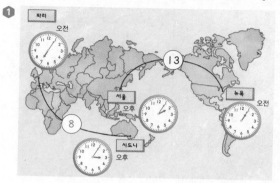

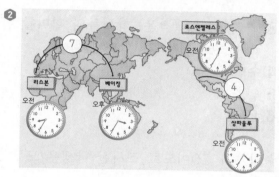

## 수를 먹은 벌레 찾기

>> 벌레들이 먹는 수는 다음과 같습니다. 달력에 적힌 수를 먹은 벌레를 찾아보세요.

<●월 달력일 때>
· 🐜 는 금요일인 수만 먹습니다. · 🐞 는 수요일인 수만 먹습니다.
· 🐛 는 ●+5인 수만 먹습니다. · 🐝 는 ●+6인 수만 먹습니다.

**③** 어느 해 7월 달력입니다. 달력에 적힌 수 15를 먹은 벌레를 찾아 ◯표 하세요.

| 7월 | | | | | | |
|---|---|---|---|---|---|---|
| 일 | 월 | 화 | 수 | 목 | 금 | 토 |
| | | | 1 | 2 | 3 | 4 |
| 5 | 6 | 7 | 8 | 9 | 10 | 11 |
| 12 | 13 | 14 | 15 | 16 | 17 | 18 |
| 19 | 20 | 21 | 22 | 23 | 24 | 25 |
| 26 | 27 | 28 | 29 | 30 | 31 | |

**④** 어느 해 12월 달력입니다. 달력에 적힌 수 18을 먹은 벌레를 찾아 ◯표 하세요.

| 12월 | | | | | | |
|---|---|---|---|---|---|---|
| 일 | 월 | 화 | 수 | 목 | 금 | 토 |
| | | | | | | 1 |
| 2 | 3 | 4 | 5 | 6 | 7 | 8 |
| 9 | 10 | 11 | 12 | 13 | 14 | 15 |
| 16 | 17 | 18 | 19 | 20 | 21 | 22 |
| 23 | 24 | 25 | 26 | 27 | 28 | 29 |
| 30 | 31 | | | | | |

**4**
**단원**

**①** 파리: 오전 7시 5분, 시드니: 오후 3시 5분
오전 7시 5분 ──8시간 후──▶ 오후 3시 5분 ⇨ 8시간

**②** 리스본: 오전 8시 35분, 베이징: 오후 3시 35분
오전 8시 35분 ──7시간 후──▶ 오후 3시 35분 ⇨ 7시간

로스엔젤레스: 오전 12시 35분, 상파울루: 오전 4시 35분
오전 12시 35분 ──4시간 후──▶ 오전 4시 35분 ⇨ 4시간

**③** 15는 수요일이므로 15를 먹은 벌레는 파란색 벌레입니다.

**④** 12+6=18이므로 18을 먹은 벌레는 초록색 벌레입니다.

# 5 표와 그래프

## STEP 1 Start 실전 개념　111쪽

**1** ㅣ, 4, 3, 4, ㅣ2

**2** 가고 싶은 체험 학습 장소별 학생 수

| 4 | | ○ | | ○ |
|---|---|---|---|---|
| 3 | | ○ | ○ | ○ |
| 2 | | ○ | ○ | ○ |
| ㅣ | ○ | ○ | ○ | ○ |
| 학생 수(명)＼장소 | 박물관 | 놀이공원 | 과학관 | 산 |

**3** 자료

**4** 3개

**5**

요일별 먹은 사탕 수

| 사탕 수(개)＼요일 | ㅣ | 2 | 3 | 4 | 5 | 6 |
|---|---|---|---|---|---|---|
| 월 | × | × | × | × | × | |
| 화 | × | × | | | | |
| 수 | × | × | × | | | |
| 목 | × | × | × | | | |
| 금 | × | × | × | × | × | × |

**6** 금요일

**3** 승현이가 가고 싶은 체험 학습 장소를 알 수 있는 것은 자료입니다.

**4** 20−5−2−4−6=3(개)

**5** 요일별 먹은 사탕 수를 ×를 이용하여 그래프로 나타냅니다.

**6** 금요일에 ×의 수가 가장 많습니다.

## STEP 1 Start 실전 개념　113쪽

**1** 20명

**2**

취미별 학생 수

| 8 | | | ○ | |
|---|---|---|---|---|
| 7 | | | ○ | |
| 6 | | | ○ | |
| 5 | ○ | | ○ | |
| 4 | ○ | ○ | ○ | |
| 3 | ○ | ○ | ○ | ○ |
| 2 | ○ | ○ | ○ | ○ |
| ㅣ | ○ | ○ | ○ | ○ |
| 학생 수(명)＼취미 | 인터넷 | 운동 | 독서 | 노래 |

**3** 예 가장 많은(적은) 학생들의 취미를 한눈에 알아보기 편리합니다.

**4** 수빈

**5** 4명

**6** ㅣ7개

**1** 합계가 20이므로 조사한 학생은 모두 20명입니다.

**4** 그래프에서 보면 수빈이의 ○의 수가 가장 많습니다.

**5** 표에서 보면 민아네 가족은 4명입니다.

**6** 합계가 ㅣ7이므로 소희네 모둠 전체 가족은 ㅣ7명입니다.

⇨ 과자를 ㅣ7개 준비해야 합니다.

## STEP 2 Jump 실전 유형　114~120쪽

**유형 ❶** 3명

❶ 가장 많은 혈액형: A 형 → 6 명

❷ 가장 적은 혈액형: AB 형 → 3 명

❸ 가장 많은 혈액형과 가장 적은 혈액형의 학생 수의 차는
6 − 3 = 3 (명)입니다.

**1-1** 7명

가장 많은 학생들이 좋아하는 과일: 사과 → 5명,
두 번째로 적은 학생들이 좋아하는 과일: 감 → 2명
$\Rightarrow 5+2=7$(명)

**유형❷** 5명

❶ (초록색을 좋아하는 학생 수)
  =(합계)−(빨간색)−(노란색)−(파란색)
  $=15-3-5-\boxed{4}=\boxed{3}$(명)

❷ 가장 많은 학생들이 좋아하는 색깔의 학생 수까지 그래프에
  나타낼 수 있어야 합니다.
  가장 많은 학생들이 좋아하는 색깔은 $\boxed{\text{노란색}}$ 이고
  $\boxed{5}$ 명입니다.
  $\Rightarrow$ 세로 칸은 적어도 $\boxed{5}$ 명까지 나타낼 수 있어야 합니다.

**2-1** 7명

(배구를 좋아하는 학생 수)$=25-4-6-3-5=7$(명)
가장 많은 학생들이 좋아하는 운동 종목의 학생 수까지 그래프에 나타낼 수 있
어야 합니다.
가장 많은 학생들이 좋아하는 운동 종목: 배구 → 7명
$\Rightarrow$ 세로 칸은 적어도 7명까지 나타낼 수 있어야 합니다.

**유형❸** 5명

❶ 계절별 태어난 학생 수를 알아봅니다.
  봄: $\boxed{2}$ 명, 여름: $\boxed{4}$ 명, 가을: $\boxed{3}$ 명

❷ (겨울에 태어난 학생 수)
  =(합계)−(봄)−(여름)−(가을)
  $=\boxed{14}-2-\boxed{4}-\boxed{3}=\boxed{5}$(명)

**3-1** 3개

학용품의 수를 알아보면 연필: 5개, 지우개: 2개, 풀: 4개, 자: 3개입니다.
$\Rightarrow$ (가위 수)=(합계)−(연필)−(지우개)−(풀)−(자)
　　　　　　$=17-5-2-4-3=3$(개)

**유형❹** 5명

❶ (수영을 배우는 학생 수)=(검도를 배우는 학생 수)+4
  　　　　　　　　　　　$=\boxed{6}+4=\boxed{10}$(명)

❷ (태권도를 배우는 학생 수)
  =(합계)−(수영)−(검도)−(유도)
  $=30-\boxed{10}-6-9=\boxed{5}$(명)

**5**
**단원**

**4-1** 10개

(준혁이가 캔 감자의 수)=(나은이가 캔 감자의 수)+5=4+5=9(개)
(주훈이가 캔 감자의 수)=35−12−9−4=10(개)

**4-2** 3개

(자두의 수)+(사과의 수)=25−8−7=10(개)
5+5=10이므로 (자두의 수)=(사과의 수)=5개
⇨ (배의 수)−(사과의 수)=8−5=3(개)

**유형 5** 풀이 참조

받고 싶은 선물별 학생 수

| 선물 | 학생 수(명) |
|------|------------|
| 책 | 1 |
| 시계 | 4 |
| 옷 | 2 |
| 인형 | 3 |
| 로봇 | 5 |
| 합계 | 15 |

받고 싶은 선물별 학생 수

| 학생 수(명)\선물 | 책 | 시계 | 옷 | 인형 | 로봇 |
|------|------|------|------|------|------|
| 5 | | | | | ○ |
| 4 | | ○ | | | ○ |
| 3 | | ○ | | ○ | ○ |
| 2 | | ○ | ○ | | ○ |
| 1 | ○ | ○ | ○ | ○ | ○ |

❶ 표를 완성해 보면 (책을 받고 싶은 학생 수)=[1]명,

   (인형을 받고 싶은 학생 수)

   =15−[1]−4−2−5=[3](명)
   　　　합계　책　시계 옷 로봇

❷ 그래프를 완성해 보면 옷: 2명 → ○를 [2]개,

   인형: [3]명 → ○를 [3]개 그립니다.

**5-1** 풀이 참조

종류별 읽은 책 수

| 종류 | 책 수(권) |
|------|------------|
| 동화책 | 4 |
| 만화책 | 4 |
| 과학책 | 2 |
| 역사책 | 2 |
| 위인전 | 5 |
| 합계 | 17 |

종류별 읽은 책 수

| 책 수(권)\종류 | 동화책 | 만화책 | 과학책 | 역사책 | 위인전 |
|------|------|------|------|------|------|
| 5 | | | | | ○ |
| 4 | ○ | ○ | | | ○ |
| 3 | ○ | ○ | | | ○ |
| 2 | ○ | ○ | ○ | ○ | ○ |
| 1 | ○ | ○ | ○ | ○ | ○ |

표: 그래프에서 만화책은 4권, (위인전)=17−4−4−2−2=5(권)
그래프: 표에서 과학책, 역사책은 2권씩이므로 ○를 2개씩, 위인전은 5권이
므로 ○를 5개 그립니다.

**유형 ❻** 해 모둠

❶ 모둠별 남학생 수와 여학생 수의 차를 구합니다.

해 모둠: 4−$\boxed{2}$=$\boxed{2}$(명), 달 모둠: 4−4=$\boxed{0}$(명),

별 모둠: 5−$\boxed{4}$=$\boxed{1}$(명), 구름 모둠: 4−3=$\boxed{1}$(명)

❷ 차가 가장 큰 모둠은 $\boxed{해}$ 모둠입니다.

**6-1** 가 상자

가 상자: 3+5=8(개), 나 상자: 3+2=5(개),
다 상자: 3+3=6(개), 라 상자: 4+3=7(개)
8>7>6>5이므로 우유와 빵의 수의 합이 가장 큰 상자는 가 상자입니다.

**유형 ❼** 경민, 진수, 도환

❶ 자료를 보고 표를 완성해 봅니다.

골을 넣은 횟수

| 이름 | 진수 | 경민 | 도환 | 합계 |
|------|------|------|------|------|
| 횟수(번) | 2 | 3 | 1 | 6 |

❷ $\boxed{3}$>2>$\boxed{1}$이므로 골을 많이 넣은 사람부터 차례대로

이름을 쓰면 $\boxed{경민}$, $\boxed{진수}$, $\boxed{도환}$입니다.

**7-1** 효린, 재준, 다희

그림면이 나온 횟수

| 이름 | 다희 | 효린 | 재준 | 합계 |
|------|------|------|------|------|
| 횟수(번) | 1 | 3 | 2 | 6 |

3>2>1이므로 그림면이 많이 나온 사람부터 차례대로 이름을 쓰면
효린, 재준, 다희입니다.

5
단원

## STEP 3 Master 심화 유형

121~125쪽

**1** 5개

(화요일에 받은 장난감의 수)=26−$\underset{월}{1}$−$\underset{수}{2}$−$\underset{목}{6}$−$\underset{금}{4}$−$\underset{토}{5}$−$\underset{일}{3}$=5(개)

**2** 5개

가장 많이 받은 날: 목요일 → 6개, 가장 적게 받은 날: 월요일 → 1개
⇨ 6−1=5(개)

**3** 화요일, 목요일, 토요일

선물 4개를 기준으로 선을 그어 그 위에 ○가 있는 요일을 찾습니다.
⇨ 화요일(5개), 목요일(6개), 토요일(5개)

┌ 주의 ─
│ 선물을 4개보다 많이 받은 날에는 선물을 4개 받은 날은 포함되지 않습니다.
└

**4** ⑩ ○를 아래부터 위로 빈칸 없이 채우지 않았습니다.

○는 한 칸에 하나씩 채우고, 아래에서 위로 채울 때에는 맨 아래 한 칸부터 빠짐없이 채웁니다.

**5** 12, 9, 7, 28

조사한 자료를 표로 나타낼 때에는 종류별 자료의 수를 빠뜨리거나 여러 번 세지 않도록 합니다.

**6** 3, 5, 4, 12 ; 경환

걸린 고리가 가장 많은 사람은 걸리지 않은 고리의 수가 가장 적은 사람입니다.

**7** 고구마 붕어빵

팥 붕어빵: 4+2=6(명), 슈크림 붕어빵: 3+5=8(명),
고구마 붕어빵: 6+3=9(명), 치즈 붕어빵: 2+5=7(명)이므로
가장 많은 학생들이 좋아하는 붕어빵은 고구마 붕어빵입니다.

**8** 2명

학생 수를 나타내는 세로가 2, 4, 6, 8, 10이므로 세로 한 칸은 2명을 나타냅니다.

**9** 풀이 참조

좋아하는 악기별 학생 수

| 악기 | 피아노 | 플루트 | 색소폰 | 바이올린 | 첼로 | 합계 |
|---|---|---|---|---|---|---|
| 학생 수(명) | 10 | 6 | 2 | 8 | 6 | 32 |

세로 한 칸이 나타내는 학생 수를 생각하며 표를 완성합니다.
(합계)=10+6+2+8+6=32(명)

**10** 10명

(축구)=31-5-3-4-10=9(명)
가장 많은 학생들이 좋아하는 운동은 스키이고 10명이므로 가로 칸은 적어도 10명까지 나타낼 수 있어야 합니다.

**11** 4반, 5반

(1반 여학생 수)=25-13=12(명), (2반 남학생 수)=22-15=7(명)
(3반 남학생 수)=24-13=11(명), (4반 여학생 수)=30-15=15(명)
(5반 여학생 수)=30-14=16(명)
남학생이 가장 많은 반: 4반, 여학생이 가장 많은 반: 5반

**12** 풀이 참조

심고 싶은 꽃별 학생 수

| 꽃 | 학생 수(명) |
|---|---|
| 무궁화 | 6 |
| 장미 | 3 |
| 튤립 | 3 |
| 나팔꽃 | 4 |
| 합계 | 16 |

심고 싶은 꽃별 학생 수

| 학생 수(명) / 꽃 | 무궁화 | 장미 | 튤립 | 나팔꽃 |
|---|---|---|---|---|
| 6 | ○ | | | |
| 5 | ○ | | | |
| 4 | ○ | | | ○ |
| 3 | ○ | ○ | ○ | ○ |
| 2 | ○ | ○ | ○ | ○ |
| 1 | ○ | ○ | ○ | ○ |

그래프에서 무궁화를 심고 싶은 학생은 6명입니다.
(장미를 심고 싶은 학생 수)+(튤립을 심고 싶은 학생 수)
=16−6−4=6(명),
3+3=6이므로 (장미를 심고 싶은 학생 수)=(튤립을 심고 싶은 학생 수)=3명

## STEP 4 Top 최고 수준

126~129쪽

**1** 1문제

❶ (일요일에 틀린 문제 수)=(월요일에 틀린 문제 수)×2=2×2=4(문제)
❷ (월요일)+(화요일)+(금요일)+(토요일)+(일요일)
=2+3+3+5+4=17(문제) ⇨ (수요일)+(목요일)=19−17=2(문제)
❸ 수요일과 목요일에 각각 1문제씩 틀렸습니다.

|문제해결 Key| ❶ 일요일에 틀린 문제 수 구하기 → ❷ 수요일과 목요일에 틀린 문제 수의 합 구하기 → ❸ 목요일에 틀린 문제 수 구하기

**2** 풀이 참조

넣지 못한 콩 주머니의 수

| 이름 | 서율 | 은우 | 혜지 | 준혁 | 기주 | 합계 |
|---|---|---|---|---|---|---|
| 콩 주머니의 수(개) | 2 | 3 | 5 | 4 | 0 | 14 |

넣은 콩 주머니의 수

| 콩 주머니의 수(개) / 이름 | 1 | 2 | 3 | 4 | 5 | 6 |
|---|---|---|---|---|---|---|
| 서율 | ○ | ○ | ○ | ○ | | |
| 은우 | ○ | ○ | ○ | | | |
| 혜지 | ○ | | | | | |
| 준혁 | ○ | ○ | | | | |
| 기주 | ○ | ○ | ○ | ○ | ○ | ○ |

❶ 표: • 그래프에서 기주가 넣은 콩 주머니는 6개이므로 넣지 못한 콩 주머니는 0개입니다.
  • 합계: 2+3+5+4=14(개)
❷ 그래프: 넣은 콩 주머니의 수는 (서율)=6−2=4(개), (은우)=6−3=3(개),
   (혜지)=6−5=1(개), (준혁)=6−4=2(개)입니다.

|문제해결 Key| ❶ 그래프를 보고 표의 빈칸 채우기 → ❷ 표를 보고 그래프 완성하기

5 단원

**3** 3문제

❶ (형준이네 모둠이 맞힌 문제 수)=2+5+4+4=15(문제)
❷ (민선이네 모둠이 맞힌 문제 수)=15-3=12(문제)
❸ (지은이가 맞힌 문제 수)=12-3-4-2=3(문제)

| 문제해결 Key | ❶ 형준이네 모둠이 맞힌 문제 수 구하기 → ❷ 민선이네 모둠이 맞힌 문제 수 구하기 → ❸ 지은이가 맞힌 문제 수 구하기

**4** 145명

❶ (건우네 학교 2학년 남학생 수)=25+20+20=65(명)
　(건우네 학교 2학년 여학생 수)=20+15+25=60(명)
❷ (은하네 학교 2학년 남학생 수)=65+30=95(명)
　(은하네 학교 2학년 여학생 수)=60-10=50(명)
❸ (은하네 학교 2학년 학생 수)=95+50=145(명)

| 문제해결 Key | ❶ 건우네 학교 2학년 남학생 수와 여학생 수 각각 구하기 → ❷ 은하네 학교 2학년 남학생 수와 여학생 수 각각 구하기 → ❸ 은하네 학교 2학년 학생 수 구하기

**5** 5명

❶ (보라색을 좋아하는 학생)+(초록색을 좋아하는 학생)
　=20-2-6-4=8(명)
❷ 보라색을 좋아하는 학생을 □명이라 하면
　초록색을 좋아하는 학생은 (□+2)명입니다.
　□+□+2=8, □+□=6, □=3
❸ (초록색을 좋아하는 학생 수)=□+2=3+2=5(명)

| 문제해결 Key | ❶ 보라색을 좋아하는 학생 수와 초록색을 좋아하는 학생 수의 합 구하기 → ❷ 보라색을 좋아하는 학생을 □명이라 하여 식 세우기 → ❸ 초록색을 좋아하는 학생 수 구하기

**6** 2반

반별 남학생 수와 여학생 수

| 반 | 1 | 2 | 3 | 4 | 5 | 합계 |
|---|---|---|---|---|---|---|
| 남학생 수(명) | 14 | 17 | 16 | 16 | 17 | 80 |
| 여학생 수(명) | 16 | 17 | 14 | 13 | 15 | 75 |

❶ 80+75=155이므로 (2학년 여학생 수)=75명,
　(2반 여학생 수)=75-16-14-13-15=17(명)
❷ (1반 남학생 수)=(2반 여학생 수)-3=17-3=14(명)
❸ (3반 남학생 수)=(4반 남학생 수)=□명이라 하면
　14+17+□+□+17=80, □+□=32, □=16
❹ 남학생과 여학생 수가 같은 반은 2반입니다.

| 문제해결 Key | ❶ 첫 번째 조건에 맞게 표 채우기 → ❷ 두 번째 조건에 맞게 표 채우기 → ❸ 세 번째 조건에 맞게 표 채우기 → ❹ 남학생 수와 여학생 수가 같은 반 찾기

**130~131쪽**

**7**  12개

❶ 그래프에 그려진 ○의 수를 세어 보면 모두 2+4+1+2=9(개)입니다.

❷ ○ 9개는 고구마 27개를 나타내고 3×9=27이므로 ○ 1개는 고구마 3개를 나타냅니다. → 세로 한 칸은 3개를 나타냅니다.

❸ 은호에 그려진 ○가 4개이므로 은호가 캔 고구마는 3×4=12(개)입니다.

|문제해결 Key| ❶ ○의 수 세어·보기 → ❷ 그래프의 세로 한 칸이 고구마 몇 개를 나타내는지 구하기 → ❸ 은호가 캔 고구마 수 구하기

**8**  28마리

❶ (고등어)+(갈치)=60-15-10=35(마리)

❷ 갈치가 □마리 팔렸다고 하면 고등어는 (□×4)마리 팔렸습니다.
□×4=□+□+□+□이므로 (고등어)+(갈치)=□+□+□+□+□=35, □×5=35이고 7×5=35이므로 □=7입니다.

❸ 따라서 고등어는 □×4=7×4=28(마리) 팔렸습니다.

|문제해결 Key| ❶ 팔린 고등어 수와 갈치 수의 합 구하기 → ❷ 팔린 갈치 수를 □마리라 하여 식 세우기 → ❸ 팔린 고등어 수 구하기

## 논리 수학

## 과녁 맞히기

≫ 혜지가 과녁에 화살을 던져 15점을 얻었습니다. 보기와 같이 조건에 맞도록 혜지가 15점을 얻는 방법을 그래프로 알아보세요.

보기

1점만 맞혔을 때, 15점을 만든 경우

| 점수＼횟수(회) | 1 | 2 | 3 | 4 | 5 | 6 | 7 | 8 | 9 | 10 | 11 | 12 | 13 | 14 | 15 |
|---|---|---|---|---|---|---|---|---|---|---|---|---|---|---|---|
| 10점 | | | | | | | | | | | | | | | |
| 5점 | | | | | | | | | | | | | | | |
| 1점 | ○ | ○ | ○ | ○ | ○ | ○ | ○ | ○ | ○ | ○ | ○ | ○ | ○ | ○ | ○ |

❶ 10점을 1번 맞혔을 때, 15점을 만들어 보세요.

| 점수＼횟수(회) | 1 | 2 | 3 | 4 | 5 | 6 | 7 | 8 | 9 | 10 | 11 | 12 | 13 | 14 | 15 |
|---|---|---|---|---|---|---|---|---|---|---|---|---|---|---|---|
| 10점 | ○ | | | | | | | | | | | | | | |
| 5점 | ○ | | | | | | | | | | | | | | |
| 1점 | | | | | | | | | | | | | | | |

| 점수＼횟수(회) | 1 | 2 | 3 | 4 | 5 | 6 | 7 | 8 | 9 | 10 | 11 | 12 | 13 | 14 | 15 |
|---|---|---|---|---|---|---|---|---|---|---|---|---|---|---|---|
| 10점 | ○ | | | | | | | | | | | | | | |
| 5점 | | | | | | | | | | | | | | | |
| 1점 | ○ | ○ | ○ | ○ | ○ | | | | | | | | | | |

≫ 은우가 과녁에 화살을 던져 19점을 얻었습니다. 조건에 맞도록 은우가 19점을 얻는 방법을 그래프로 알아보세요.

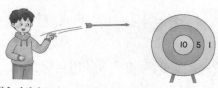

❷ 10점은 맞히지 못하고 5점은 반드시 맞혔을 때, 19점을 만들어 보세요.

| 점수＼횟수(회) | 1 | 2 | 3 | 4 | 5 | 6 | 7 | 8 | 9 | 10 | 11 | 12 | 13 | 14 | 15 |
|---|---|---|---|---|---|---|---|---|---|---|---|---|---|---|---|
| 10점 | | | | | | | | | | | | | | | |
| 5점 | ○ | | | | | | | | | | | | | | |
| 1점 | ○ | ○ | ○ | ○ | ○ | ○ | ○ | ○ | ○ | ○ | ○ | ○ | ○ | ○ | |

| 점수＼횟수(회) | 1 | 2 | 3 | 4 | 5 | 6 | 7 | 8 | 9 | 10 | 11 | 12 | 13 | 14 | 15 |
|---|---|---|---|---|---|---|---|---|---|---|---|---|---|---|---|
| 10점 | | | | | | | | | | | | | | | |
| 5점 | ○ | ○ | | | | | | | | | | | | | |
| 1점 | ○ | ○ | ○ | ○ | ○ | ○ | ○ | ○ | ○ | | | | | | |

| 점수＼횟수(회) | 1 | 2 | 3 | 4 | 5 | 6 | 7 | 8 | 9 | 10 | 11 | 12 | 13 | 14 | 15 |
|---|---|---|---|---|---|---|---|---|---|---|---|---|---|---|---|
| 10점 | | | | | | | | | | | | | | | |
| 5점 | ○ | ○ | ○ | | | | | | | | | | | | |
| 1점 | ○ | ○ | ○ | ○ | | | | | | | | | | | |

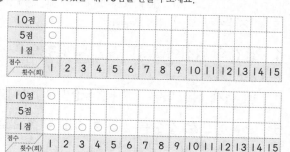

**5 단원**

## 6 규칙 찾기

### STEP 1 Start 실전 개념 135쪽

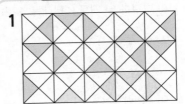

**2** 1, 3
**3** △ ; 예 ▣, △, ● 가 반복됩니다.
**4** ♥
**5** 노란색
**6** 12개

**1** 색칠한 칸이 시계 반대 방향으로 돌아갑니다.

**2** 쌓기나무의 수가 왼쪽에서 오른쪽으로
1개, 3개씩 반복됩니다.

**3** ▣, △, ● 가 반복되는 규칙이므로 빈칸에
알맞은 모양은 △ 입니다.

**4** ☆, ♡, □ 가 반복되고 초록색, 빨간색이 반복
됩니다.
⇨ 빈칸에 알맞은 것은 ♥ 입니다.

**5** 노란색 구슬이 1개씩 늘어나며 초록색, 노란색
구슬이 반복됩니다.
⇨ □ 안에 알맞은 구슬의 색깔은 노란색입니다.

**6** 첫 번째: 2+1=3(개)
두 번째: 3+2+1=6(개)
세 번째: 6+2+1=9(개)
→ 쌓기나무의 수가 3개씩 늘어나는 규칙이
있습니다.
⇨ 다음에 이어질 모양에 쌓을 쌓기나무는
모두 9+3=12(개)입니다.

### STEP 1 Start 실전 개념 137쪽

**1** 예 아래쪽으로 내려갈수록 1씩 커지는 규
칙이 있습니다.

**2**
| × | 3 | 4 | 5 | 6 | 7 |
|---|---|---|---|---|---|
| 3 | 9 | 12 | 15 | 18 | 21 |
| 4 | 12 | 16 | 20 | 24 | 28 |
| 5 | 15 | 20 | 25 | 30 | 35 |
| 6 | 18 | 24 | 30 | 36 | 42 |
| 7 | 21 | 28 | 35 | 42 | 49 |

; 같습니다.

**3**
| + | 5 | 10 | 15 | 20 |
|---|---|---|---|---|
| 5 | 10 | 15 | 20 | 25 |
| 10 | 15 | 20 | 25 | 30 |
| 15 | 20 | 25 | 30 | 35 |
| 20 | 25 | 30 | 35 | 40 |

**4** 25일
**5** 29번

**1** $15 \xrightarrow{+1} 16 \xrightarrow{+1} 17 \xrightarrow{+1} 18$ 이므로
노란색으로 칠해진 수는 아래쪽으로 내려갈수
록 1씩 커지는 규칙이 있습니다.

**2** $5 \times 3 = 15$, $5 \times 4 = 20$,
$6 \times 3 = 18$, $6 \times 4 = 24$, $6 \times 5 = 30$,
$7 \times 3 = 21$, $7 \times 4 = 28$, $7 \times 5 = 35$,
$7 \times 6 = 42$

**3** • 같은 줄에서 오른쪽으로 갈수록 5씩 커지는
규칙이 있습니다.
• 같은 줄에서 아래쪽으로 내려갈수록 5씩 커
지는 규칙이 있습니다.

**4** 빨간색 점선에 놓인 수는 ↘ 방향으로 갈수록
8씩 커지므로
네 번째 목요일은 $17 + 8 = 25$(일)입니다.

**5** 오른쪽으로 갈수록 1씩 커지고 뒤쪽으로 갈수
록 8씩 커지는 규칙입니다.
⇨ 채아는 $13 + 8 + 8 = 29$(번)입니다.

**유형 ①** (위부터)
2, 3, 2 ;
3, 2, 1, 2

❶ 왼쪽 무늬에서 ●■△■가 반복되는 규칙입니다.

❷ ❶의 규칙에 따라 ●는 1, ■는 2, △는 3 (으)로 바꾸어 나타냈습니다.

❸ ❷의 규칙에 따라 위의 빈칸에 알맞은 수를 써넣었습니다.

**1-1** (위부터) 3, 3 ;
3, 2, 5 ;
2, 5, 3, 3

왼쪽 무늬에서 ●●♥★이 반복되는 규칙이므로 ●는 3, ♥는 2, ★은 5로 바꾸어 3, 3, 2, 5가 반복되도록 빈칸에 알맞은 수를 써넣었습니다.

**1-2** 풀이 참조

| 4 | 3 | 0 | 1 | 4 | 3 | 0 |
|---|---|---|---|---|---|---|
| 1 | 4 | 3 | 0 | 1 | 4 | 3 |
| 0 | 1 | 4 | 3 | 0 | 1 | 4 |

왼쪽 무늬에서 ◆●♣◎가 반복되는 규칙이므로 ◆는 4, ●는 3, ♣는 0, ◎는 1로 바꾸어 4, 3, 0, 1이 반복되도록 오른쪽 빈칸에 알맞은 수를 써넣었습니다.

**유형 ②** 풀이 참조

| + | 1 | 3 | 5 | 7 |
|---|---|---|---|---|
| 1 | 2 | 4 | 6 | 8 |
| 3 | 4 | 6 | 8 | 10 |
| 5 | 6 | 8 | 10 | 12 |
| 7 | 8 | 10 | 12 | 14 |

❶ 오른쪽 덧셈표를 보면 같은 줄에서 오른쪽으로 갈수록 2씩 커지고 아래쪽으로 내려갈수록 2씩 커지는 규칙이 있습니다.

| + | 1 | ㉠ | ㉡ | ㉢ |
|---|---|---|---|---|
| 1 | 2 | 4 | 6 | 8 |
| ㉣ | 4 | 6 | 8 | 10 |
| ㉤ | 6 | ㉦ | 10 | 12 |
| ㉥ | 8 | 10 | ◎ | ㉧ |

❷ ❶의 규칙에 따라 ㉠, ㉡, ㉢에 각각 3, 5, 7을/를 써넣고 ㉣, ㉤, ㉥에 각각 3, 5, 7을/를 써넣습니다.

❸ ㉦에는 5+3=8, ◎에는 7+5=12, ㉧에는 7+7=14을/를 써넣어 위의 덧셈표를 완성합니다.

**2-1** 풀이 참조

| × | 2 | 4 | 6 | 8 |
|---|---|---|---|---|
| 2 | 4 | 8 | 12 | 16 |
| 4 | 8 | 16 | 24 | 32 |
| 6 | 12 | 24 | 36 | 48 |
| 8 | 16 | 32 | 48 | 64 |

오른쪽 곱셈표를 보면 가로줄과 세로줄의 첫 번째 줄의 곱의 결과가 4, 8, 12, 16으로 같으므로 색칠된 가로줄의 ㉠, ㉡, ㉢과 세로줄의 ㉣, ㉤, ㉥에 각각 같은 수가 들어갑니다.

| × | 2 | ㉠ | ㉡ | ㉢ |
|---|---|---|---|---|
| 2 | 4 | 8 | 12 | 16 |
| ㉣ | 8 | 16 | 24 | ㉦ |
| ㉤ | 12 | ㉧ | 36 | ㉨ |
| ㉥ | 16 | ㉩ | ㉪ | 64 |

$2 \times ㉠ = 8 \rightarrow ㉠ = 4$,
$2 \times ㉡ = 12 \rightarrow ㉡ = 6$,
$2 \times ㉢ = 16 \rightarrow ㉢ = 8$이고
㉠=㉣, ㉡=㉤, ㉢=㉥이므로 ㉣=4, ㉤=6, ㉥=8입니다.
㉦$=4 \times 8 = 32$, ㉧$=6 \times 4 = 24$, ㉨$=6 \times 8 = 48$, ㉩$=8 \times 4 = 32$,
㉪$=8 \times 6 = 48$

**유형 ❸** 28개

❶ 첫 번째: 1층으로 쌓았고 쌓은 쌓기나무는 1개입니다.
　두 번째: 2층으로 쌓았고 쌓은 쌓기나무는 모두
　　　　　$1+2=\boxed{3}$(개)입니다.
　세 번째: 3층으로 쌓았고 쌓은 쌓기나무는 모두
　　　　　$1+2+\boxed{3}=\boxed{6}$(개)입니다.

❷ 1층씩 늘어날 때마다 쌓기나무는 1개, 2개, $\boxed{3}$개, ...씩 늘어나는 규칙입니다.

❸ 쌓기나무를 7층으로 쌓으려면 쌓기나무는 모두
$\underbrace{1+2+3+4+5+\boxed{6}}_{\text{6층까지 쌓은 쌓기나무의 개수}}+\boxed{7}=\boxed{28}$(개) 필요합니다.

**3-1** 18개

첫 번째 모양(1층): 2개
두 번째 모양(2층): $2+4=6$(개)
세 번째 모양(3층): $2+4+6=12$(개)
→ 1층씩 늘어날 때마다 쌓은 쌓기나무가 4개, 6개, ...씩 늘어나는 규칙입니다.
⇨ 다섯 번째 모양(5층): $2+4+6+8+10=30$(개)이므로
　5층으로 쌓으려면 3층으로 쌓은 것보다 쌓기나무가 $30-12=18$(개) 더 많이 필요합니다.

**유형④ 5번**

❶ 달력에서 같은 요일은 [7]일마다 반복됩니다.

❷ 다음 달인 10월의 1일이 토요일이므로

월요일인 날짜를 모두 찾아 보면 3일, 3+7=[10](일),

[10]+7=[17](일), [17]+7=[24](일),

[24]+7=[31](일)입니다.

❸ 따라서 다음 달인 10월의 월요일은 모두 [5]번입니다.

---

**4-1 월요일**

달력에서 같은 요일은 7일마다 반복됩니다.
다음 달인 12월 1일이 금요일이므로 1+7=8(일), 8+7=15(일),
15+7=22(일)도 금요일입니다.
⇨ 23일은 토요일, 24일은 일요일이므로 25일은 월요일입니다.

---

**유형⑤**

❶ 가운데 삼각형은 초록색, 빨간색이 반복됩니다.

⇨ 여섯째 무늬의 가운데 삼각형 색깔: [빨간색]

❷ 보라색으로 색칠된 부분은 (시계 방향, 시계 반대 방향)
으로 돌아갑니다.

❸ ❶, ❷에 따라 위 무늬에 알맞게 색칠합니다.

---

**5-1**

가운데 사각형은 노란색, 파란색이 반복됩니다.
⇨ 일곱째 무늬의 가운데 사각형 색깔: 노란색
초록색으로 색칠된 부분은 시계 반대 방향으로 돌아갑니다.

---

**5-2**

바깥쪽은 노란색, 보라색이 반복되고 주황색과 연두색으로 색칠된 부분은
시계 방향으로 돌아갑니다.

---

**유형⑥ ㉢**

❶ 파란색 화살표 방향에서 규칙을 찾아봅니다.

㉠ 3, 6, 9로 [3]씩 커집니다.

㉡ 2, 5, 8로 [3]씩 커집니다.

㉢ 5, 6, 7, 8로 [1]씩 커집니다.

❷ 수의 규칙이 다른 하나는 [㉢]입니다.

---

**6-1 ㉡**

보라색 화살표 방향에서 규칙을 찾아봅니다.
㉠ 4, 5, 6으로 1씩 커집니다.
㉡ 1, 4, 7로 3씩 커집니다.
㉢ 3, 4, 5, 6, 7, 8, 9, 10, 11, 12로 1씩 커집니다.
⇨ 수의 규칙이 다른 하나는 ㉡입니다.

**1**

아래쪽부터 위쪽으로 올라갈수록 버튼의 수는 왼쪽 줄은 1, 3, 5, 7, ...로 2씩 커지고, 오른쪽 줄은 2, 4, 6, ...으로 2씩 커지는 규칙입니다.
⇨ 왼쪽 줄의 버튼의 수는 1, 3, 5, 7, 9, 11, ⑬이므로 민서는 왼쪽 줄 가장 위의 버튼을 눌러야 합니다.

**2** 110

| × | 6 | 7 | 8 | 9 |
|---|---|---|---|---|
| 6 |   |   |   | ㉰ |
| 7 |   |   | ㉯ |   |
| 8 |   | ㉱ |   |   |
| 9 | ㉮ |   |   |   |

빨간색 점선을 따라 접으면 ㉮와 ㉰, ㉯와 ㉱가 각각 만납니다.
만나는 두 수는 각각 서로 같으므로
㉰=㉮=9×6=54, ㉱=㉯=7×8=56입니다.
⇨ 54+56=110

**3** 수요일

12월은 31일까지 있고 달력에서 같은 요일이 7일마다 반복됩니다.
⇨ 31−7=24, 24−7=17, 17−7=10, 10−7=3이므로 3일과 같은 요일인 수요일입니다.

**4** 풀이 참조

|    |    | 27 | 30 |    |
|----|----|----|----|----|
| 24 | 27 | 30 | 33 |    |
|    | 30 | 33 | 36 |    |
|    |    | 36 | 39 |    |
|    |    |    | 42 |    |

같은 줄에서 오른쪽으로 갈수록 3씩 커지고, 아래쪽으로 내려갈수록 3씩 커지는 규칙입니다.

**5** 20개

가장 위층은 1개이고, 한 층씩 내려가면 각 층의 쌓기나무의 수는 (1+2)개, (1+2+3)개, (1+2+3+4)개가 되는 규칙입니다.
⇨ (필요한 쌓기나무의 수)=1+3+6+10=20(개)

┌ 주의 ─────────────────────────────
│ 보이지 않는 부분의 쌓기나무의 개수도 세어야 합니다.
└─────────────────────────────────

**6**

색칠된 ○가 시계 방향으로 돌아가고 빨간색, 노란색, 노란색이 반복됩니다.

**7** 풀이 참조 ; ㉢

예 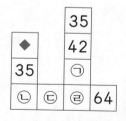 , 이 반복되고 빨간색, 노란색, 파란색이 반복되는 규칙이 있습니다.

**8** 세종

ㅅ, ㅇ, ㅈ, ㅗ, ㅐ, ㅔ가 반복되는 규칙입니다.
빈칸에 들어갈 자음자와 모음자를 첫째 줄부터 차례대로 쓰면
ㅅ, ㅔ, ㅈ, ㅗ, ㅇ입니다.
➡ 빈칸에 들어갈 자음자와 모음자로 만든 단어는 세종입니다.

**9** 원

도형은 , , 이 반복되고 빈칸에 들어갈 모양은 입니다.
➡ 가장 안쪽에 들어가는 도형은 원입니다.

**10** 2, 7, 4

표에 적힌 수는 보기 에 적힌 수를 시계 방향으로 5칸씩 건너 뛰며 차례대로 적은 것입니다.
➡ ㉠=2, ㉡=7, ㉢=4

---

STEP **4** **Top** 최고 수준

148~151쪽

**1** 30

| | 35 | |
|---|---|---|
| ◆ | 42 | |
| 35 | ㉠ | |
| ㉡ | ㉢ | ㉣ | 64 |

❶ 곱셈표에서 각 단의 수는 오른쪽으로 갈수록 단의 수만큼 커지고, 아래쪽으로 내려갈수록 단의 수만큼 커집니다.
❷ 오른쪽에 있는 35에서 아래쪽으로 내려갈수록 7씩 커지므로 7단 곱셈구구입니다. → ㉠=42+7=49, ㉣=49+7=56
64에서 왼쪽으로 갈수록 8씩 작아지므로 8단 곱셈구구입니다.
→ ㉢=56-8=48, ㉡=48-8=40
❸ 40(㉡)에서 위쪽으로 올라갈수록 5씩 작아지므로 5단 곱셈구구입니다.
➡ ◆=35-5=30

| 문제해결 Key | ❶ 곱셈표에서 규칙 찾아보기 → ❷ ❶에서 찾은 규칙으로 빈칸에 알맞은 수 구하기 → ❸ ◆에 알맞은 수 구하기

# 꼼꼼 풀이집

**2** 46개

❶ 벌집 모양 1개: 6개
벌집 모양 2개: 6+5=11(개)
벌집 모양 3개: 6+5+5=16(개)
벌집 모양 4개: 6+5+5+5=21(개)
⋮

❷ 벌집 모양이 1개씩 늘어날 때마다 성냥개비는 5개씩 늘어나는 규칙입니다.

❸ (벌집 모양 9개 만드는 데 필요한 성냥개비의 수)
= 6+5+5+5+5+5+5+5+5=46(개)

| 문제해결 Key | ❶ 벌집 모양의 수에 따라 사용한 성냥개비의 수 세어 보기 → ❷ 벌집 모양을 만드는 규칙 알아보기 → ❸ ❷의 규칙에 따라 벌집 모양 9개를 만드는 데 필요한 성냥개비의 수 구하기

**3** 11시 40분

❶ 20분 간격으로 버스가 출발하는 규칙이 있습니다.

❷ 시간표에서 9번째 버스는 9시 40분에 출발합니다.

9번째 9시 40분 →(20분 후) 10번째 10시 →(20분 후) 11번째 10시 20분 →(20분 후) 12번째 10시 40분

→(20분 후) 13번째 11시 →(20분 후) 14번째 11시 20분 →(20분 후) 15번째 11시 40분

❸ 15번째 버스는 11시 40분에 출발합니다.

| 문제해결 Key | ❶ 버스 출발 시간표에서 규칙 찾아보기 → ❷ ❶에서 찾은 규칙으로 15번째까지의 버스 출발 시각 구하기 → ❸ 15번째 버스의 출발 시각 구하기

**4** 목요일, 금요일

❶ 2월은 28일 또는 29일까지 있고, 2월을 제외한 나머지 달은 30일 또는 31일까지 있으므로 마지막 날이 되는 날짜는 28일, 29일, 30일, 31일입니다.

❷ 같은 요일은 7일마다 반복되고 목요일이 5번이므로 목요일은 2일, 9일, 16일, 23일, 30일입니다.
→ 이달의 마지막 날은 30일 또는 31일입니다.

❸ 이달의 마지막 날이 될 수 있는 요일은 30일: 목요일, 31일: 금요일입니다.

| 문제해결 Key | ❶ 월별 날수를 알아보기 → ❷ 달력의 규칙에 따라 이달의 마지막 날짜 알아보기 → ❸ 이달의 마지막 날이 될 수 있는 요일 알아보기

**56** · 수학 2-2

**5**  55개

❶ 아래쪽으로 내려갈수록 각 층의 상자의 수가
(1×1)개, (2×2)개, (3×3)개, ...로 늘어나는 규칙입니다.

❷ 5층까지 쌓으려면 상자는 5층: 1×1=1(개), 4층: 2×2=4(개),
3층: 3×3=9(개), 2층: 4×4=16(개), 1층: 5×5=25(개)
필요하므로 모두 1+4+9+16+25=55(개) 필요합니다.

|문제해결 Key| ❶ 쌓은 상자의 규칙 알아보기 → ❷ 상자는 모두 몇 개 필요한지 구하기

---

**6**  선우, 4000원

❶ 가열 여섯째 자리가 6번이므로 가열 아홉째 자리는 9번입니다.
사열 아홉째 자리는 가열 아홉째 자리에서 6열 뒤에 있으므로
9×6=54만큼 더 큰 9+54=63(번)입니다.

❷ 나열 셋째 자리가 12번이므로 나열 다섯째 자리는 14번입니다.

❸ 오른쪽 표에서 63번 자리는 4000원이고 14번 자리는 8000원입니다.

❹ 선우가 8000−4000=4000(원) 더 비싼 자리를 샀습니다.
8−4=4

|문제해결 Key| ❶ 사열 아홉째 자리 번호 알아보기 → ❷ 나열 다섯째 자리 번호 알아보기 → ❸ ❶과
❷에서 구한 자리의 요금을 각각 알아보기 → ❹ 누가 자리를 얼마 더 비싸게 샀는지 구하기

---

**7**  10월

❶ 달력에서 같은 요일은 7일마다 반복되므로 7씩 커집니다.

❷ 3일이 월요일인 것을 이용하여 월요일의 날짜를 알아보면
3(6월)−10−17−24−1(7월)−8−15−22−29−5(8월)−12−
19−26−2(9월)−9−16−23−30−7(10월)−14−21−28

❸ 6월 아래로 보이는 달력은 10월 달력입니다.

|문제해결 Key| ❶ 달력의 규칙 알아보기 → ❷ 6월부터 차례대로 월요일의 날짜 알아보기 → ❸ 6월
아래로 보이는 달력은 몇 월인지 구하기

---

**8**

❶ 상자의 윗면은 빨간색, 파란색, 초록색이 반복되고 앞면은 노란색, 보라색
이, 오른쪽 면은 보라색, 노란색이 반복되는 규칙입니다.

❷ 3×3=9(번째) 상자의 윗면은 초록색이고, 10번째 상자의 윗면은 빨간색,
11번째 상자의 윗면은 파란색입니다.

❸ 11번째 모양의 앞면은 노란색, 오른쪽 면은 보라색입니다.

|문제해결 Key| ❶ 상자의 윗면, 앞면, 오른쪽 면의 색이 각각 어떤 규칙으로 색칠되어 있는지 알아보
기 → ❷ 11번째 상자의 윗면의 색 알아보기 → ❸ 11번째 상자의 앞면, 오른쪽 면의 색 알아보기

**6**
단원

## 덧셈표에서 장기말의 규칙

» 마(馬)라고 하는 장기의 말이 있습니다. 규칙을 보고 덧셈표에서 마가 도착점까지 가장 빠른 길로 갈 때 마가 움직일 수 있는 길을 알아보세요.

규칙

[마가 움직이는 규칙]

예 마가 움직일 수 있는 길 알아보기

| + | 1 | 2 | 3 | 4 |
|---|---|---|---|---|
| 1 | | | | 도착 |
| 2 | | | | |
| 3 | | | | |
| 4 | 馬 | | | |

> 마가 도착점까지 가는 데 거치는 곳은 빨간색 칸이고 빨간색 칸에 적을 수를 써 보세요.

① 5(馬) → 4 → 5(도착)
② 5(馬) → 6 → 5(도착)

**1**

| + | 1 | 2 | 3 | 4 | 5 | 6 | 7 |
|---|---|---|---|---|---|---|---|
| 1 | 2 | 3 | 4 | 5 | 6 | 7 | 8 |
| 2 | 3 | 4 | 5 | 6 | 7 | 8 | 9 |
| 3 | 4 | 5 | 6 | 7 | 8 | 9 | 10 |
| 4 | 5 | 6 | 7 | 8 | 9 | 10 | 11 |
| 5 | 6 | 7 | 8 | 9 | 10 | 11 | 12 |
| 6 | 7 | 8 | 9 | 10 | 11 | 12 | 도착 |
| 7 | 馬 | 9 | 10 | 11 | 12 | 13 | 14 |

> 마가 굵은 선 안에서만 움직이고 되돌아가지 않아요.

① 8(馬) → 9 → **10** → **13** (도착)
② 8(馬) → 9 → **12** → **13** (도착)

**1**

| + | 1 | 2 | 3 | 4 | 5 | 6 | 7 |
|---|---|---|---|---|---|---|---|
| 1 | 2 | 3 | 4 | 5 | 6 | 7 | 8 |
| 2 | 3 | 4 | 5 | 6 | 7 | 8 | 9 |
| 3 | 4 | 5 | 6 | 7 | 8 | 9 | 10 |
| 4 | 5 | 6 | 7 | 8 | 9 | 10 | 11 |
| 5 | 6 | 7 | 8 | 9 | 10 | 11 | 12 |
| 6 | 7 | 8 | 9 | 10 | 11 | 12 | 도착 |
| 7 | 馬 | 9 | 10 | 11 | 12 | 13 | 14 |

마가 갈 수 있는 가장 빠른 길:
8(출발)－9－10－13(도착),
8(출발)－9－12－13(도착)

## 1회                                    3~6쪽

| | |
|---|---|
| **1** 8 | **2** 700 |
| **3** 56 | **4** 5 |
| **5** 170 | **6** ③ |
| **7** 7 | **8** 653 cm |
| **9** 20일 | **10** 154 cm |
| **11** 45개 | **12** 4문제 |
| **13** 50분 | **14** 7개 |
| **15** 수요일 | **16** 15개 |
| **17** 9개 | **18** 2반 |
| **19** 165 cm | **20** 15 |

**1** 5단 곱셈구구를 외워 보면
5×8=40이므로 □=8입니다.

**2** 5719에서 7은 백의 자리 숫자이므로 700을
나타냅니다.

**3** 4×2=8, 8×7=㉠, ㉠=56

**4** 짧은바늘은 7과 8 사이를 가리키고, 긴바늘은
11을 가리키므로 7시 55분입니다.
⇨ 7시 55분은 8시 5분 전입니다.

**5** 2시간 50분=2시간+50분
             =120분+50분=170분

**6** ③ 3 m 60 cm=360 cm

**7** 천의 자리 수와 백의 자리 수가 같고 일의 자
리 수를 비교하면 4<5이므로 □ 안에 들어갈
수 있는 수는 6보다 커야 합니다.
⇨ □ 안에 들어갈 수 있는 수는 7, 8, 9이므로
가장 작은 수는 7입니다.

**8** 4 m 18 cm+2 m 35 cm=6 m 53 cm
⇨ 6 m 53 cm=653 cm

**9** 같은 요일은 7일마다 반복됩니다.
8월 첫째 토요일: 6일 ⎞+7
  둘째 토요일: 13일 ⎬+7
  셋째 토요일: 20일 ⎠

**10** (㉡에서 ㉢까지의 거리)
=(㉠~㉢)+(㉡~㉣)−(㉠~㉣)
=4 m 37 cm+3 m 51 cm−6 m 34 cm
=7 m 88 cm−6 m 34 cm
=1 m 54 cm
⇨ 1 m 54 cm=154 cm

**11** 첫째: 1개, 둘째: 1+2=3(개),
셋째: 1+2+3=6(개), ...,
아홉째: 1+2+3+4+5+6+7+8+9
        =45(개)

**12** (민주네 모둠이 맞힌 문제 수)
=3+5+3+4=15(문제),
(선우네 모둠이 맞힌 문제 수)
=15−3=12(문제)
⇨ (하은이가 맞힌 문제 수)
  =12−4−3−1=4(문제)

**13** 준서: 오후 3시 20분 --40분 후--> 오후 4시
--10분 후--> 오후 4시 10분 ⇨ 50분
채영: 오후 2시 50분 --10분 후--> 오후 3시
--30분 후--> 오후 3시 30분 ⇨ 40분
⇨ 50분>40분이므로 책을 더 오래 읽은 사
람은 준서이고 50분 동안 읽었습니다.

**14** 십의 자리 수가 1씩 커지므로 ㉠에 들어갈
수 있는 수는 6864, 6874, 6884, 6894,
6904, 6914, 6924로 모두 7개입니다.

**15** 4월 2일은 수요일이므로 2+7+7+7+7
=30(일)은 수요일입니다. 5월 1일이 목요일
이므로 1+7+7+7+7=29(일)은 목요일
이고 5월 31일은 토요일입니다. 6월 1일과
8일이 일요일이므로 6월 11일은 수요일입니다.

**16** 상자에 도넛을 모두 6×9=54(개) 넣어야 하
므로 도넛은 54−39=15(개) 더 필요합니다.

**17** 천의 자리 숫자가 6, 백의 자리 숫자가 8인 네
자리 수는 68□□입니다. 이 중에서 6809보
다 작은 수는 6800, 6801, 6802, 6803,
6804, 6805, 6806, 6807, 6808로 모두
9개입니다.

**18** 157−81=76이므로 (2학년 여학생 수)=76명
(2반 여학생 수)=76−16−14−13−15
=18(명),
(1반 남학생 수)=(2반 여학생 수)−4
=18−4=14(명)
(3반 남학생 수)=(4반 남학생 수)=□명이라
하면 14+18+□+□+17=81,
□+□=32, □=16
⇨ 남학생과 여학생 수가 같은 반은 2반입니다.

**19** 지안이의 키를 □ cm라 하면 어머니의 키는
(□+34) cm입니다.
296 cm=2 m 96 cm이므로
□ cm+(□+34) cm=2 m 96 cm입니다.
□ cm+□ cm=2 m 96 cm−34 cm
=2 m 62 cm
2 m 62 cm=1 m 31 cm+1 m 31 cm이
므로 지안이의 키는 1 m 31 cm이고
어머니의 키는 1 m 31 cm+34 cm=1 m
65 cm입니다. ⇨ 1 m 65 cm=165 cm

**20** 마주 보는 두 수의 곱이 가운데 수가 되는 규
칙입니다.

3×6=18    4×6=24
2×9=18    3×8=24

⇨ 4×ⓛ=36, ⓛ=9
6×㉠=36, ㉠=6
→ ㉠+ⓛ=6+9=15

**2회**  7~10쪽

| | |
|---|---|
| **1** 5 | **2** 95 |
| **3** ㉢ | **4** 7 m 20 cm |
| **5** 딸기 | **6** 7개 |
| **7** 0, 4, 3 | **8** 54봉지 |
| **9** 32 | **10** 1 m 35 cm |
| **11** 11개 | |
| **12** 2일, 9일, 16일, 23일, 30일 | |
| **13** ㉣, ㉠, ㉡, ㉢ | **14** 2반 |
| **15** 78 | **16** 30 |
| **17** 8월 26일 | **18** 1, 2 |
| **19** 11개 | **20** 4가지 |

**1** □×6=6×□=30
6단 곱셈구구를 외워 보면 6×5=30이므로
□=5입니다.

**2** 1시간 35분=60분+35분=95분

**3** ㉠ 2543 → 3      ㉡ 9356 → 300
㉢ 3548 → 3000   ㉣ 5631 → 30

**4**
```
      1
   2 m 50 cm
+  4 m 70 cm
─────────────
   7 m 20 cm
```

**5** 딸기에 ○의 수가 가장 많습니다.

**6** 쌓기나무가 오른쪽에 1개, 위쪽에 1개씩 늘어
나는 규칙입니다.⇨ 5+1+1=7(개)

**7** ●, ■, ▲가 반복되는 규칙이므로 ●는 0, ■
는 4, ▲는 3으로 바꾸어 0, 4, 3이 반복되도
록 빈칸에 알맞은 수를 써넣었습니다.

**8** 1000은 10이 100개인 수이므로 사탕 1000개
를 한 봉지에 10개씩 담으면 100봉지에 담
게 됩니다. 46+54=100이므로 앞으로
54봉지를 더 담아야 합니다.

**9** 어떤 수를 □라 하면 □−4=4, 4+4=□,
□=8입니다.
바르게 계산하면 8×4=32입니다.

**10** (학교~서점~집)
=(학교~서점)+(서점~집)
=40 m 51 cm+58 m 64 cm
=99 m 15 cm
학교에서 서점을 거쳐 집까지 가는 거리는
학교에서 집으로 바로 가는 거리보다
99 m 15 cm−97 m 80 cm
=1 m 35 cm 더 멉니다.

**11** (준영이가 캔 고구마 수)=11−3=8(개)
⇨ (은서가 캔 고구마 수)
=40−10−11−8=11(개)

**12** 달력에서 같은 요일은 7일마다 반복됩니다.
다음 달인 12월 1일이 금요일이므로 토요일
인 날짜를 모두 찾아보면 2일, 2+7=9(일),
9+7=16(일), 16+7=23(일),
23+7=30(일)입니다.

**13** ㉠ 458 cm   ㉡ 4 m 20 cm=420 cm
　　㉢ 215 cm   ㉣ 6 m 20 cm=620 cm
　　⇨ ㉣>㉠>㉡>㉢

**14** 1반 남학생: 24−11=13(명)
　　3반 남학생: 23−9 =14(명)
　　5반 남학생: 20−9 =11(명)
　　⇨ 남학생이 가장 적은 반은 2반입니다.

**15**

| × | 5 | 6 | 7 | 8 |
|---|---|---|---|---|
| 5 |   | ㉮ |   |   |
| 6 | ㉰ |   |   | ㉲ |
| 7 |   |   |   |   |
| 8 |   | ㉯ |   |   |

　　점선을 따라 접으면 ㉮와 ㉰, ㉯와 ㉲가 각각
　　만납니다. 만나는 두 수는 각각 서로 같으므로
　　㉰=㉮=5×6=30, ㉲=㉯=8×6=48
　　⇨ 30+48=78

**16** ・3×8=24이므로 ▲=24
　　・●×6=36에서 6×6=36이므로 ●=6
　　⇨ ●+▲=6+24=30

**17** 오늘부터 3주일 전은 23−7−7−7=2(일)
　　이므로 9월 2일이고, 8월은 31일까지 있습
　　니다.
　　9월 2일 —2일 전→ 8월 31일 —5일 전→ 8월 26일
　　⇨ 오늘부터 4주일 전은 8월 26일입니다.

**18** 천의 자리 숫자가 ◆, 3이므로 ◆에 1, 2, 3
　　을 넣어 ◆542<35◆4를 만족하는 수를 찾
　　습니다.
　　◆=1일 경우: 1542<3514
　　◆=2일 경우: 2542<3524
　　◆=3일 경우: 3542>3534
　　⇨ ◆가 될 수 있는 수는 1, 2입니다.

**19** 첫 번째: 3개, 두 번째: 3+2=5(개),
　　세 번째: 5+2=7(개), 네 번째: 7+2=9(개),
　　다섯 번째: 9+2=11(개)

**20** 1×8=8, 1×2=2, 1×3=3, 1×4=4,
　　1×6=6, 8×2=16, 8×3=24,
　　8×4=32, 8×6=48, 2×3=6,
　　2×4=8, 2×6=12, 3×4=12,
　　3×6=18, 4×6=24 ⇨ 4가지

---

**③회**　　　　　　　　**11~14쪽**

**1** 1 m 30 cm　　　　**2** 49
**3** △(색칠된 삼각형)
**4** 2000자루
**5** 1349
**6**

| + | 2 | 4 | 6 | 8 |
|---|---|---|---|---|
| 2 | 4 | 6 | 8 | 10 |
| 4 | 6 | 8 | 10 | 12 |
| 6 | 8 | 10 | 12 | 14 |
| 8 | 10 | 12 | 14 | 16 |

**7** 7명　　　　　　　**8** 36개
**9** 26　　　　　　　**10** 1개
**11** 4시 11분　　　　**12** 60 cm
**13** 5　　　　　　　**14** 135 cm
**15** 3　　　　　　　**16** 25일
**17** 오전 1시 33분　　**18** 3문제
**19** 35 cm　　　　　**20** 3개

**1** 160 cm−30 cm
　　=130 cm=1 m 30 cm

**2** 7×7=49 ⇨ 일의 자리 숫자: 9

**3** 색칠된 부분은 시계 방향으로 돌아가고 있습
　　니다.

**4** 3000은 1000이 3개인 수이므로 남은 연필
　　의 수는 1000이 3−1=2(개)인 수입니다.
　　⇨ 1000이 2개인 수는 2000이므로 남은 연
　　필은 2000자루입니다.

**5** 가장 작은 네 자리 수는 높은 자리에 작은 수
　　부터 차례대로 놓아 만듭니다.
　　⇨ 1<3<4<9이므로 1349입니다.

**6** 같은 줄에서 오른쪽으로 갈수록 2씩 커지고
　　아래쪽으로 내려갈수록 2씩 커지는 규칙이 있
　　습니다. 규칙에 맞게 빈칸에 알맞은 수를 써넣
　　습니다.

**7** 초록: 20−4−6−3=7(명)
　　좋아하는 색깔이 가장 많은 학생 수까지 그래
　　프에 나타낼 수 있어야 하므로 세로 칸은 적어
　　도 7명까지 나타낼 수 있어야 합니다.

**8** 첫 번째: 1개
두 번째: 1+3=4(개)
세 번째: 1+3+5=9(개)
→ 1층이 늘어날 때마다 쌓은 쌓기나무가
3개, 5개, 7개, ... 늘어나는 규칙입니다.
⇨ 쌓기나무를 6층으로 쌓으려면 쌓기나무는
모두 1+3+5+7+9+11=36(개) 필요
합니다.

**9** • 5×5=25이므로 25<□에서
□=26, 27, 28, ...
• 9×3=27이므로 27>□에서
□=26, 25, 24, ...
⇨ □ 안에 공통으로 들어갈 수 있는 수는 26
입니다.

**10** (형서네 모둠 학생이 가지고 있는 사탕 수)
=3+2+1+3=9(개)
(예진이네 모둠 학생이 가지고 있는 사탕 수)
=9-2=7(개)
⇨ (진호가 가지고 있는 사탕 수)
=7-2-1-3=1(개)

**11** 긴바늘이 2를 가리키면 10분이고, 10분에서
작은 눈금 1칸 더 간 곳을 가리키면 11분입니다.
11분일 때 짧은바늘이 4에 가장 가깝게 있으려
면 짧은바늘은 4와 5 사이에 있어야 합니다.
⇨ 시계가 나타내는 시각은 4시 11분입니다.

**12** (상자를 묶은 리본의 길이)
=(상자만 묶은 리본의 길이)+(매듭의 길이)
=50 cm+50 cm+30 cm+30 cm
+40 cm+40 cm+40 cm+40 cm
+40 cm=360 cm=3 m 60 cm
⇨ (상자를 묶고 남은 리본의 길이)
=4 m 20 cm-3 m 60 cm=60 cm

**13** 1000이   3개 → 3000
100이 12개 → 1200
1이 35개 →    35
―――――――――
4235
⇨ 4285는 4235보다 50만큼 더 큰 수이므
로 10이 □개인 수는 50입니다.
따라서 □ 안에 알맞은 수는 5입니다.

**14** (민주의 키)=1 m 30 cm+5 cm
=1 m 35 cm
(채은이의 키)=(민주의 키)-7 cm
=1 m 35 cm-7 cm
=1 m 28 cm
(연석이의 키)=(채은이의 키)-3 cm
=1 m 28 cm-3 cm
=1 m 25 cm
(호진이의 키)=(연석이의 키)+6 cm
=1 m 25 cm+6 cm
=1 m 31 cm
⇨ 키가 가장 큰 학생은 민주이므로
1 m 35 cm=135 cm입니다.

**15**

| 3단 | 3×1=3 | 3×2=6 | 3×3=9 | ... |
|---|---|---|---|---|
| 8단 | 8×1=8 | 8×2=16 | 8×3=24 | |
| 합 | 11 | 22 | 33 | ... |

⇨ 3과 8에 각각 곱한 수는 3입니다.

**16** 12월 1일이 금요일이므로 2일은 토요일,
3일은 일요일, 4일은 월요일입니다.
12월의 첫째 월요일이 4일이므로 12월 4일,
11일, 18일, 25일이 월요일입니다.
⇨ 12월의 넷째 월요일은 25일입니다.

**17** 어제 오후 5시부터 오늘 오전 2시까지는 9시
간입니다.
1시간에 3분씩 느려지므로 9시간 후 이 시계
는 3×9=27(분) 느려져 있습니다.
2시에서 27분 전은 1시 33분이므로 오전 2시
에 이 시계가 가리키는 시각은 오전 1시 33분
입니다.

**18** (토요일에 틀린 문제 수)
=2×2=4(문제)
(수요일과 금요일에 틀린 문제 수)
=16-1-2-2-4-1=6(문제)
수요일과 금요일에 틀린 문제 수는 같고
6=3+3이므로 수요일날 틀린 문제는 3문제
입니다.

**19** (연수가 6걸음으로 잰 거리)

=45 cm+45 cm+45 cm+45 cm

+45 cm+45 cm=2 m 70 cm

(동생이 4걸음으로 잰 거리)

=410 cm-2 m 70 cm

=4 m 10 cm-2 m 70 cm=1 m 40 cm

➡ 1 m 40 cm=140 cm이고

35+35+35+35=140이므로 동생의

한 걸음은 35 cm입니다.

**20** ㉢=㉡+8이므로 ㉡=0일 때 ㉢=8,

㉡=1일 때 ㉢=9입니다.

• ㉡=0, ㉢=8일 때

세 번째 조건에서 ㉠+0+8+㉣=12,

㉠+㉣=4이므로 1083, 3081 → 2개

• ㉡=1, ㉢=9일 때

세 번째 조건에서 ㉠+1+9+㉣=12,

㉠+㉣=2이므로 2190 → 1개

➡ 2+1=3(개)

## 4 회  15~18쪽

**1** 16일

**2** 한빈

**3** 오후 6시 4분

**4** 1 m 97 cm

**5** 6, 4 ;

| 6 | | ○ | | | |
|---|---|---|---|---|---|
| 5 | | ○ | ○ | | |
| 4 | | ○ | ○ | ○ | |
| 3 | ○ | ○ | ○ | ○ | |
| 2 | ○ | ○ | ○ | ○ | ○ |
| 1 | ○ | ○ | ○ | ○ | ○ |
| 학생 수(명)／과목 | 국어 | 수학 | 영어 | 사회 | 과학 |

**6** 4명

**7** 8500원

**8** 12

**9** 45일

**10** 63

**11** 4, 5, 3, 12 ; 지연

**12** 1 m 55 cm

**13** ㉡, ㉠, ㉢

**14** 3

**15** 4번

**16** 60명

**17** 14개

**18** 4

**19** 1900, 1811, 1801

**20** 60 cm

**1** 같은 요일은 7일마다 반복됩니다.

7월의 첫째 목요일: 2일

둘째 목요일: 2+7=9(일)

셋째 목요일: 9+7=16(일)

➡ 셋째 목요일은 16일입니다.

**2** 집에 도착한 시각은 다음과 같습니다.

지수: 5시 3분, 예솔: 4시 50분,

한빈: 5시 15분

➡ 집에 가장 늦게 도착한 학생은 한빈입니다.

**3** 시계의 긴바늘이 3바퀴 돌면 3시간이 지난 것

과 같습니다. 오후 3시 4분에서 시계의 긴바

늘이 3바퀴 돌았을 때 가리키는 시각은 3시간

이 지난 오후 6시 4분입니다.

**4** 357 cm=3 m 57 cm

가장 긴 변: 3 m 57 cm

가장 짧은 변: 1 m 60 cm

➡ (가장 긴 변)-(가장 짧은 변)

=3 m 57 cm-1 m 60 cm

=1 m 97 cm

**5** 표: 그래프에서 사회는 4명이고,

수학은 20-3-5-4-2=6(명)입니다.

그래프: 수학은 6명 → ○를 6개,

영어는 5명 → ○를 5개,

과학은 2명 → ○를 2개 그립니다.

**6** 피아노: 5명, 플루트: 3명, 바이올린: 3명,

기타: 2명

➡ 드럼: 17-5-3-3-2=4(명)

**7** 내일부터 매일 1000원씩 5일 동안 저금한다

면 저금하는 횟수는 5번입니다. 3500부터

1000씩 5번 뛰어 세면

3500-4500-5500-6500-7500입니다.

　　(1일)　 (2일)　 (3일)　 (4일)

-8500입니다.

(5일)

➡ 민호의 저금통에 들어 있는 돈은 모두

8500원이 됩니다.

**8** 5×3=15보다 작은 수 중 4단 곱셈구구의

값은 4, 8, 12입니다.

이 중에서 6단 곱셈구구의 값에도 있는 수는

12입니다.

➡ 조건을 모두 만족하는 수: 12

**9** 9월은 30일, 10월은 31일까지 있습니다.
9월에 공연을 하는 기간은 23일부터 30일까지이므로 30−23+1=8(일)입니다.
10월에 공연을 하는 기간은 31일입니다.
11월에 공연을 하는 기간은 1일부터 6일까지이므로 6일입니다.
➡ 8+31+6=45(일)

**10** 두 수의 곱이 7이 되려면 1×7 또는 7×1이므로 모르는 수 카드 중 한 개는 7입니다.
곱이 0이 되려면 곱하는 수 중 한 수가 0이므로 수 카드에 0이 있습니다.
➡ 수 카드의 수를 큰 수부터 차례대로 쓰면 9, 7, 2, 1, 0이므로
가장 큰 곱은 9×7=63입니다.

**11** 소정: 4개, 지연: 5개, 서준: 3개, 합계: 12개
고리를 가장 많이 건 사람은 지연입니다.

**12** 색 테이프 10장을 이어 붙이면 9군데가 겹쳐집니다.
(색 테이프 10장의 길이의 합)
=20 cm+20 cm+⋯+20 cm+20 cm
(10번)
=200 cm=2 m
(겹친 부분의 길이의 합)
=5 cm+5 cm+⋯+5 cm+5 cm
(9번)
=45 cm
➡ (이어 붙인 색 테이프의 전체 길이)
=2 m−45 cm=1 m 55 cm

**13** ⓒ 1000이 4개 → 4000
　　100이 9개 → 　900
　　　1이 12개 → 　　12
　　　　　　　　　　4912
➡ ⓛ 5100 > ⓞ 5001 > ⓒ 4912

**14** 표에 적힌 수는 보기에 적힌 수를 시계 방향으로 7칸씩 건너뛰며 차례대로 적은 것입니다. 1−8−6−4−2−9−7−5−3(ⓞ)

**15** 2×6=12, 3×4=12, 4×3=12, 6×2=12
➡ 4번

**16** (은석이네 학교 2학년 남학생 수)
=(미정이네 학교 2학년 남학생 수)−4
=8+10+10−4=24(명)
(은석이네 학교 2학년 여학생 수)
=(미정이네 학교 2학년 여학생 수)+6
=12+8+10+6=36(명)
➡ 24+36=60(명)

**17** 가장 위층은 1개이고, 한 층씩 내려가면서 각 층의 쌓기나무 수는 (2×2)개, (3×3)개가 되는 규칙입니다.
➡ (필요한 쌓기나무의 수)
=1+4+9=14(개)

**18** 오전 9시부터 5시간 후는 오후 2시이고, 1시간에 ⓞ분씩 빨라지므로 5시간 후에 이 시계는 (ⓞ×5)분 빨라집니다.
오후 2시에 시계가 가리키는 시각이
오후 2시 20분이므로 20분 빨라진 것입니다.
➡ 4×5=20(분)이므로 ⓞ=4입니다.

**19** 18□1<□811<1□00이므로 주연이의 번호는 1811이고 18□1<1811에서 수진이의 번호는 1801이며 1811<1□00에서 □는 8보다 큰 수이므로 민성이의 번호는 1900입니다.
➡ 세 사람의 번호를 구하여 큰 수부터 차례대로 쓰면 1900, 1811, 1801입니다.

**20**

□ cm+(□ cm+5 cm)+(□ cm+5 cm
+30 cm)=2 m 20 cm,
□ cm+□ cm+□ cm+40 cm
=2 m 20 cm에서
□ cm+□ cm+□ cm=1 m 80 cm이고
60 cm+60 cm+60 cm=1 m 80 cm이므로 □=60입니다.
➡ 가장 짧은 도막의 길이는 60 cm입니다.

전국 초·중학생 213만 명의 선택

# HME 학력평
## 해법수학·해법국

응시 학년
수학 | 초등 1학년 ~ 중학 3학
국어 | 초등 1학년 ~ 초등 6학

응시 횟수
수학 | 연 2회 (6월 / 11월)
국어 | 연 1회 (11월)

주최 **천재교육** | 주관 **한국학력평가 인증연구소** | 후원 **서울교육대학**

*응시 날짜는 변동될 수 있으며, 더 자세한 내용은 HME 홈페이지에서 확인 바랍니다.

정답은
이안에
있어!

수학 경시대회·영재원 대비용 심화서

Top of the Top! 1등급의 비밀

# 최강 TOT

## 경시대회·영재원 대비

교과서 집필진과 영재원 지도 교사들이
각종 수학 경시대회 및 영재원 빈출 문제를
엄선하여 주제·영역별로 수록

## 1등급을 넘어 최상위로

종합적 사고가 필요한 창의 융합 문제로
어떤 고난도 문제도 막힘 없이
1등급을 넘어 수학 최상위권에 도전

## 코딩 수학 문제 수록

최신 교육과정에 맞는 코딩 유형 문제 등
새로운 유형의 심화 문제 수록으로
오류는 Down! 사고력은 Up!

수학 최상위권은
TOT로 차별화!
초1~6(총 6단계)